T0205794

Wissenschaftliche Reihe
Fahrzeugtechnik Universität Stuttgart

Reihe herausgegeben von

Michael Bargende, Stuttgart, Deutschland

Hans-Christian Reuss, Stuttgart, Deutschland

Jochen Wiedemann, Stuttgart, Deutschland

Das Institut für Fahrzeugtechnik Stuttgart (IFS) an der Universität Stuttgart erforscht, entwickelt, appliziert und erprobt, in enger Zusammenarbeit mit der Industrie, Elemente bzw. Technologien aus dem Bereich moderner Fahrzeugkonzepte. Das Institut gliedert sich in die drei Bereiche Kraftfahrwesen, Fahrzeugantriebe und Kraftfahrzeug-Mechatronik. Aufgabe dieser Bereiche ist die Ausarbeitung des Themengebietes im Prüfstandsbetrieb, in Theorie und Simulation. Schwerpunkte des Kraftfahrwesens sind hierbei die Aerodynamik, Akustik (NVH), Fahrdynamik und Fahrermodellierung, Leichtbau, Sicherheit, Kraftübertragung sowie Energie und Thermomanagement – auch in Verbindung mit hybriden und batterieelektrischen Fahrzeugkonzepten. Der Bereich Fahrzeugantriebe widmet sich den Themen Brennverfahrensentwicklung einschließlich Regelungs- und Steuerungskonzeptionen bei zugleich minimierten Emissionen, komplexe Abgasnachbehandlung, Aufladesysteme und -strategien, Hybridsysteme und Betriebsstrategien sowie mechanisch-akustischen Fragestellungen. Themen der Kraftfahrzeug-Mechatronik sind die Antriebsstrangregelung/ Hybride, Elektromobilität, Bordnetz und Energiemanagement, Funktions- und Softwareentwicklung sowie Test und Diagnose. Die Erfüllung dieser Aufgaben wird prüfstandsseitig neben vielem anderen unterstützt durch 19 Motorenprüfstände, zwei Rollenprüfstände, einen 1:1-Fahrsimulator, einen Antriebsstrangprüfstand, einen Thermowindkanal sowie einen 1:1-Aeroakustikwindkanal. Die wissenschaftliche Reihe „Fahrzeugtechnik Universität Stuttgart" präsentiert über die am Institut entstandenen Promotionen die hervorragenden Arbeitsergebnisse der Forschungstätigkeiten am IFS.

Reihe herausgegeben von

Prof. Dr.-Ing. Michael Bargende
Lehrstuhl Fahrzeugantriebe
Institut für Fahrzeugtechnik Stuttgart
Universität Stuttgart
Stuttgart, Deutschland

Prof. Dr.-Ing. Jochen Wiedemann
Lehrstuhl Kraftfahrwesen
Institut für Fahrzeugtechnik Stuttgart
Universität Stuttgart
Stuttgart, Deutschland

Prof. Dr.-Ing. Hans-Christian Reuss
Lehrstuhl Kraftfahrzeugmechatronik
Institut für Fahrzeugtechnik Stuttgart
Universität Stuttgart
Stuttgart, Deutschland

Daniel Zeitvogel

Methodik für die Querdynamik-Evaluation auf einem Fahrzeugdynamikprüfstand

 Springer Vieweg

Daniel Zeitvogel
IFS, Fakultät 7, Lehrstuhl für
Kraftfahrwesen
Universität Stuttgart
Stuttgart, Deutschland

Zugl.: Dissertation Universität Stuttgart, 2023
D93

ISSN 2567-0042   ISSN 2567-0352 (electronic)
Wissenschaftliche Reihe Fahrzeugtechnik Universität Stuttgart
ISBN 978-3-658-44094-7   ISBN 978-3-658-44095-4 (eBook)
https://doi.org/10.1007/978-3-658-44095-4

Die Deutsche Nationalbibliothek verzeichnet diese Publikation in der Deutschen Nationalbibliografie; detaillierte bibliografische Daten sind im Internet über http://dnb.d-nb.de abrufbar.

Planung/Lektorat: Carina Reibold
Springer Vieweg ist ein Imprint der eingetragenen Gesellschaft Springer Fachmedien Wiesbaden GmbH und ist ein Teil von Springer Nature.
Die Anschrift der Gesellschaft ist: Abraham-Lincoln-Str. 46, 65189 Wiesbaden, Germany

Das Papier dieses Produkts ist recyclebar.

Vorwort

Diese Arbeit entstand während meiner Zeit als wissenschaftlicher Mitarbeiter am Institut für Verbrennungsmotoren und Kraftfahrwesen (IVK) der Universität Stuttgart und am Forschungsinstitut für Kraftfahrwesen und Fahrzeugmotoren Stuttgart (FKFS).

Bedanken möchte ich mich an dieser Stelle zuerst bei Herrn Prof. Dr.-Ing. Jochen Wiedemann, der die Betreuung der Arbeit begonnen hat und Herrn Prof. Dr.-Ing. Andreas Wagner, der dankenswerterweise die Betreuung fortgeführt hat. Herrn apl. Prof. Dr.-Ing. habil. Michael Hanss danke ich für die freundliche Übernahme des Mitberichts.

Im Laufe der Arbeit durfte ich vom fundierten fachlichen Wissen von Herrn Dr.-Ing. Jens Neubeck und Herrn Dr.-Ing. Werner Krantz profitieren. Hierfür und für das mir entgegengebrachte Vertrauen und die gewährten Freiheiten möchte ich mich herzlich bedanken.

Ohne meine Kollegen wäre die Zeit am Institut nicht das gewesen, was sie war. Stellvertretend für alle aktuellen und ehemaligen Kollegen gilt mein Dank Herrn M.Eng. Adrian Gawlik für viele unterhaltsame gemeinsame Arbeitsstunden, Herrn M.Sc. Laurin Ludmann für inhaltliche Anregungen sowie Unterstützung am Fahrzeugdynamikprüfstand und ganz besonders Herrn Dr.-Ing. Alexander Ahlert für viele wertvolle inhaltliche Diskussionen und die Durchsicht der Dissertation. Für die sprachliche Durchsicht bedanke ich mich ebenso herzlich bei Frau Dipl.-Bibl. Karin Sutter.

Den Mitarbeitern der MTS Systems Corporation, insbesondere Herrn Wilbur Kan und Herrn Cameron Bigsby, danke ich für die kompetente und angenehme Zusammenarbeit, die weit über die Entwicklung des Fahrzeugdynamikprüfstands hinausging.

Zuletzt möchte ich mich ganz herzlich bei meinen Eltern für die Unterstützung, die Geduld und das Verständnis während meines Studiums und der Dissertation bedanken.

Daniel Zeitvogel

Inhaltsverzeichnis

Vorwort V

Abbildungsverzeichnis XI

Abkürzungsverzeichnis XV

Formelverzeichnis XVII

Zusammenfassung XXI

Abstract XXV

1   Einleitung 1

2   Stand der Technik 5

2.1   Prüfstandstechnik im Fahrzeugentwicklungsprozess 5

2.2   Fahrdynamikmessungen 8

2.3   Der Stuttgarter Fahrzeugdynamikprüfstand 11

    2.3.1   Aufbau und Funktionsweise 12

    2.3.2   Anwendungsmöglichkeiten 15

    2.3.3   Einflussfaktoren auf das Fahrzeugverhalten 17

3   Messmethoden und Simulation 21

3.1   Fahrzeugmessungen 21

    3.1.1   Straßenmessung 21

    3.1.2   Fahrdynamikmessungen auf dem Prüfstand 23

3.2   Simulationsmodell 25

    3.2.1   Zugrundeliegendes Fahrzeugmodell 26

    3.2.2   Spezifische Anpassungen des Fahrzeugmodells 30

    3.2.3   Modellierung des Prüfstands 32

    3.2.4   Fahrmanöver 34

4　Untersuchung der prüfstandsspezifischen Einflüsse......... 37

4.1　Gyroskopische Effekte... 37

4.2　Reifen-Fahrbahn-Kontakt... 39

4.3　Betriebspunktänderungen... 43

4.4　Fahrzeugfesselung... 43

　　4.4.1　Wankverhalten... 44

　　4.4.2　Zusatzträgheit.. 44

　　4.4.3　Aktor-Regelung.. 47

　　4.4.4　Einspannungselastizität... 48

4.5　Lenkaktor-Übertragungsverhalten.. 52

**5　Kompensationsmethoden für Aktor-
Übertragungsverhalten 57**

5.1　Iterationsverfahren... 59

　　5.1.1　Methodenbeschreibung.. 61

　　5.1.2　Simulationsergebnisse... 63

5.2　Virtuelle Kompensation.. 71

　　5.2.1　Methodenbeschreibung.. 72

　　5.2.2　Simulationsergebnisse... 73

5.3　Preview-Verfahren... 77

　　5.3.1　Methodenbeschreibung.. 78

　　5.3.2　Simulationsergebnisse... 80

5.4　Anregungssignal-Überlagerung.. 88

5.5　Gesamtkonzept für realitätsnahe Prüfstandsmessungen............ 91

6　Ergebnisse 95

6.1　Straßenmessungen.. 95

6.2　Validierung der Aktuator-Kompensationen............................... 96

　　6.2.1　Virtuelle Kompensation... 97

6.2.2   Iterationsverfahren 99

6.2.3   Preview-Verfahren 104

7   Schlussfolgerung und Ausblick 109

Literaturverzeichnis 113

Anhang 123

   A1.   Zustandsraummatrizen des Modells auf dem Prüfstand 123

   A2.   Technische Spezifikationen des Prüfstands 129

Abbildungsverzeichnis

Abbildung 2.1:	Der Stuttgarter Fahrzeugdynamikprüfstand	... 13
Abbildung 2.2:	Grundlegendes Funktionsprinzip nach [3]	... 15
Abbildung 3.1:	Im Messfahrzeug installierter Fahr- und Lenkroboter	... 24
Abbildung 3.2:	Modellierungsansatz für die Wankbewegung	... 26
Abbildung 3.3:	Modellanpassung des erweiterten Einspurmodells zur Simulation von Prüfstandsmessungen	... 32
Abbildung 3.4:	Skizzierter Aufbau des Prüfstands-Modells	... 33
Abbildung 3.5:	Frequenzspektrum der Lenkwinkelanregung	... 35
Abbildung 4.1:	Übertragungsverhalten von Lenkradwinkel auf Hinterachsschwimmwinkel	... 41
Abbildung 4.2:	Übertragungsverhalten von Lenkradwinkel auf Gierrate	... 42
Abbildung 4.3:	Amplitudengang des Übertragungsverhaltens von Lenkradwinkel auf Wankwinkel	... 45
Abbildung 4.4:	Amplitudengang des Übertragungsverhaltens von Lenkradwinkel auf Gierrate	... 46
Abbildung 4.5:	Amplitudengang des Übertragungsverhaltens von Lenkradwinkel auf Wankwinkel	... 48
Abbildung 4.6:	Einfluss der Einspannungselastizität auf das Gierübertragungsverhalten.	... 51
Abbildung 4.7:	Wirksamkeit der herstellerseitigen Kompensation für die Einspannungselastizität	... 52
Abbildung 4.8:	Simuliertes Übertragungsverhalten eines Bandlenkaktors	... 53
Abbildung 4.9:	Amplitudengang der Gierübertragungsfunktion des simulierten Fahrzeugs	... 54
Abbildung 5.1:	Eingriffsmöglichkeiten in das hybridmechanische System	... 59
Abbildung 5.2:	Ansatzpunkt der Kompensation im Signalfluss	... 60

Abbildung 5.3:   Funktionsprinzip des iterativen Verfahrens 60

Abbildung 5.4:   Gierübertragungsfunktion des simulierten
                      Fahrzeugs 64

Abbildung 5.5:   Übertragungsfunktion und inverse
                      Übertragungsfunktion 65

Abbildung 5.6:   Ausschnitt des Zeitverlaufs der Bandlenkwinkel an
                      der Vorderachse bei initialem
                      Simulationsdurchgang 66

Abbildung 5.7:   Ausschnitt des Zeitverlaufs der Bandlenkwinkel an
                      der Vorderachse bei erster Iteration 67

Abbildung 5.8:   Gierübertragungsfunktion des simulierten Fahrzeugs
                      auf dem HRW 68

Abbildung 5.9:   Übertragungsfunktion von Wunsch-Bandlenkwinkel
                      auf Ist-Bandlenkwinkel 70

Abbildung 5.10:   Funktionsprinzip der modellbasierten Kompensation.... 71

Abbildung 5.11:   Gierübertragungsfunktion des simulierten Fahrzeugs
                      auf dem HRW 75

Abbildung 5.12:   Funktionsprinzip des Preview-Verfahrens 78

Abbildung 5.13:   Zeitverlauf des Lenkwinkels und der Gierrate bei
                      Lenkwinkelsprung 81

Abbildung 5.14:   Zeitverlauf von Gierrate (oben) und Bandlenkwinkel
                      (unten) bei Lenkwinkelsprung. 82

Abbildung 5.15:   Gierübertragungsfunktion des simulierten Fahrzeugs
                      auf dem HRW ohne und mit Preview-Kompensation.... 84

Abbildung 5.16:   Gierübertragungsfunktion des simulierten Fahrzeugs
                      auf dem HRW 86

Abbildung 5.17:   Spektrale Leistungsdichten der Seitenkräfte und
                      Giermomente der virtuellen Kompensation 87

Abbildung 5.18:   Simuliertes Übertragungsverhalten eines
                      Bandlenkaktors 90

Abbildung 6.1:   Gierübertragungsfunktion (links) und
                      Übertragungsfunktion des
                      Hinterachsschwimmwinkels (rechts) 96

Abbildung 6.2: Gierübertragungsfunktion des Fahrzeugs auf dem HRW mit und ohne virtueller Kompensation 98

Abbildung 6.3: Ausschnitt des Zeitverlaufs der Bandlenkwinkel vorne links 100

Abbildung 6.4: Übertragungsfunktion von Wunsch- auf Ist-Bandlenkwinkel 101

Abbildung 6.5: Gierübertragungsfunktion des Fahrzeugs bei mehreren Iterationen auf dem HRW 103

Abbildung 6.6: Spektrale Leistungsdichten der Seitenkräfte und Giermomente der virtuellen Kompensation 104

Abbildung 6.7: Gierübertragungsfunktion des Fahrzeugs mit Vorschau-Kompensation 105

Abbildung 6.8: Übertragungsfunktion von Wunsch- auf Ist-Bandlenkwinkel 106

Abbildung 6.9: spektrale Leistungsdichten der Seitenkräfte und Giermomente der virtuellen Kompensation 107

Abkürzungsverzeichnis

CGR	Center of Gravity Restraint System
DVRS	Dynamic Vehicle Road Simulator
ESP	Elektronisches Stabilitätsprogramm
ESTM	Enhanced Single Track Model
FDP	Fahrzeugdynamikprüfstand
FKFS	Forschungsinstitut für Kraftfahrzeuge und Fahrzeugmotoren Stuttgart
GPS	Global Positioning System
HRW	Handling Roadway System
IFS	Institut für Fahrzeugtechnik Stuttgart
IMU	Inertial Measuring Unit
IVK	Institut für Verbrennungsmotoren und Kraftfahrwesen
K&C	Kinematics and Compliance
MPFFC	Model Predictive Feed Forward Control
RPC	Remote Parameter Control

Formelverzeichnis

Formelzeichen	Größe	Einheit
a_i	Nennerkoeffizienten der Übertragungs-funktion	–
A_K	Kolbenfläche	m^2
a_y	Querbeschleunigung	$\frac{m}{s^2}$
$a_{y,\text{stat}}$	stationäre Querbeschleunigung	$\frac{m}{s^2}$
b_i	Zählerkoeffizienten der Übertragungs-funktion	–
C_α	Schräglaufsteifigkeit	$\frac{N}{rad}$
c_ψ	Giersteifigkeit	$\frac{N \cdot m}{rad}$
c_r	Wanksteifigkeit	$\frac{N \cdot m}{rad}$
D	Lehr'sches Dämpfungsmaß	–
d_ψ	Gierdämpfung	$\frac{N \cdot m \cdot s}{rad}$
d_r	Wankdämpfung	$\frac{N \cdot m \cdot s}{rad}$
$d_{r,\text{CGR}}$	Wankdämpfung der Schwerpunktfesse-lung	$\frac{N \cdot m \cdot s}{rad}$
f_0	ungedämpfte Eigenfrequenz	Hz
f_d	gedämpfte Eigenfrequenz	Hz
f_s	Abtastrate	Hz

F_x	Längskraft	N
F_y	Seitenkraft	N
$F_{y,\text{Comp}}$	Kompensationskraft	N
$G(s)$	Übertragungsfunktion	–
h	Schwerpunkthöhe	m
$h_{\text{rc},i}$	Wankzentrumshöhe	m
I_{xx}	Wankträgheitsmoment des Fahrzeugs	$\text{kg} \cdot \text{m}^2$
$I_{xx,\text{CGR}}$	Wankträgheitsmoment der Schwerpunktfesselung	$\text{kg} \cdot \text{m}^2$
I_{zz}	Gierträgheitsmoment des Fahrzeugs	$\text{kg} \cdot \text{m}^2$
$I_{zz,\text{CGR}}$	Gierträgheitsmoment der Schwerpunktfesselung	$\text{kg} \cdot \text{m}^2$
k_{Corr}	Korrekturfaktor	–
l_F	Abstand Vorderachse zum Schwerpunkt	m
l_R	Abstand Hinterachse zum Schwerpunkt	m
m	Fahrzeugmasse	kg
M_K	Kreiselmoment	$\text{N} \cdot \text{m}$
M_x	Wankmoment	$\text{N} \cdot \text{m}$
M_z	Giermoment	$\text{N} \cdot \text{m}$
$M_{z,\text{Comp}}$	Kompensationsmoment	$\text{N} \cdot \text{m}$
n_{Prev}	Anzahl der Vorschausimulationsschritte	–
p_{diff}	Differenzdruck	$\dfrac{\text{N}}{\text{m}^2}$
R	Lenkübersetzung	–

R_{rs}	Rollsteuerkoeffizient	–
s	komplexe Frequenz	–
t	Zeit	s
T_{Prev}	Vorschauhorizont	s
T_s	Abtastintervall	s
$T_{s,Prev}$	Simulationsschrittweite der Vorschausimulation	s
T_t	Totzeit	s
U_{servo}	Servoregler-Spannung	V
v	Geschwindigkeit	$\frac{m}{s}$
α	Schräglaufwinkel	rad
α_r	Wankrateninduzierter Schräglaufwinkel	rad
β	Schwimmwinkel	rad
δ_{rs}	Rollsteuerwinkel	rad
δ_{SW}	Lenkradwinkel	rad
φ	Wankwinkel	rad
$\dot{\varphi}$	Wankrate	$\frac{rad}{s}$
$\ddot{\varphi}$	Wankbeschleunigung	$\frac{rad}{s^2}$
ψ	Gierwinkel	rad
$\dot{\psi}$	Gierrate	$\frac{rad}{s}$
$\ddot{\psi}$	Gierbeschleunigung	$\frac{rad}{s^2}$
σ_α	Einlauflänge	m

ζ	Bandlenkwinkel	rad
ω	Rotationsgeschwindigkeit	$\frac{rad}{s}$
ω_0	ungedämpfte Eigenkreisfrequenz	$\frac{rad}{s}$
ω_d	gedämpfte Eigenkreisfrequenz	$\frac{rad}{s}$
ζ_{Err}	Reglerabweichung des Bandlenkwinkels	rad
ζ_{Des}	Wunsch-Bandlenkwinkel	rad
ζ_{Cmd}	Soll-Bandlenkwinkel	rad
ζ_{Fdbk}	Ist-Bandlenkwinkel	rad
ζ_{Corr}	Korrektur-Bandlenkwinkel	rad
ζ_{Add}	Zusatz-Bandlenkwinkel	rad
δ	Spurwinkel	rad

Physikalische Größen werden im Internationalen Einheitensystem SI eingeführt. Zum besseren Textverständnis werden teilweise auch die im jeweiligen
Kontext gebräuchlichen Einheiten benutzt, z. B. km/h oder °.

Zusammenfassung

Das Institut für Fahrzeugtechnik Stuttgart (IFS) betreibt in Kooperation mit dem Forschungsinstitut für Kraftfahrwesen und Fahrzeugmotoren Stuttgart (FKFS) einen neuartigen Fahrzeugdynamikprüfstand (Handling Roadway System, HRW). Auf diesem kann die Längs-, Quer- und Vertikaldynamik von Fahrzeugen unter Laborbedingungen untersucht werden. Unter anderem ist es dadurch möglich, die Fahrdynamik sowohl anhand realitätsnaher Fahrmanöver wie auf der Straße als auch anhand von synthetischen Anregungen zu untersuchen. Aufgrund diverser systemdynamischer und prüfstandsspezifischer Einflussfaktoren kann sich hierbei das auf dem HRW gemessene Fahrzeugverhalten vom dem auf der Straße unterscheiden.

Die vorliegende Arbeit befasst sich mit der Kompensation dieser Einflüsse mit dem Ziel, die Vergleichbarkeit des auf dem Prüfstand gemessenen Fahrverhaltens mit dem auf der Straße zu erhöhen. Im Rahmen dieser Arbeit wird dabei ausschließlich die Fahrzeugquerdynamik im Frequenzbereich bis 3 Hz bei einer konstanten Fahrgeschwindigkeit betrachtet.

Zur Erreichung des Ziels wird zuerst eine umfassende Analyse der auftretenden Faktoren durchgeführt, die das gemessene Fahrzeugverhalten auf dem Prüfstand beeinflussen. Anhand von Simulationen werden die Auswirkungen dieser Einflussfaktoren charakterisiert und soweit möglich quantifiziert. Die Ergebnisse dieser Untersuchungen zeigen, dass im Wesentlichen drei Einflussfaktoren nennenswerte Auswirkungen auf das Fahrverhalten haben.

Der erste wesentliche Faktor stellt sich durch Unterschiede im Reifenverhalten zwischen realen Fahrbahnbelägen und den auf dem Prüfstand verwendeten Belägen dar. Die Kompensation dieser Unterschiede erfordert zusätzliche Messtechnik und valide parametrierte Reifenmodelle. Im Rahmen dieser Arbeit wird daher anwendungsspezifisch eine Korrektur der Messergebnisse im Postprocessing empfohlen.

Zweitens haben mechanische Elastizitäten in der Fahrzeugeinspannung zur Folge, dass Resonanzschwingungen des Fahrzeugs um die Hochachse auftreten können. Diese Schwingungen treten größtenteils oberhalb des querdynamisch relevanten Frequenzbereichs auf. Zur Kompensation existiert bereits ein Kompensationsansatz des Prüfstandsherstellers, mit dem die Auswirkungen dieser Eigenschwingung reduziert, wenn auch nicht gänzlich eliminiert werden können. Eine weitere Verbesserung dieser Kompensationsmethode wird in Zusammenarbeit mit dem Prüfstandshersteller erarbeitet und ist daher nicht Ziel dieser Arbeit.

Als dritter wesentlicher Einfluss wird das Übertragungsverhalten hydraulischer Lenkaktoren des Prüfstands identifiziert. Diese zeigen ein totzeit- und verzögerungsbehaftetes Verhalten. Durch innere Reibung in den Aktoren weist es außerdem eine nichtlineare Charakteristik auf. Dadurch zeigt das auf dem Prüfstand gemessene Fahrzeugverhalten eine im Vergleich zur Straße starke Erhöhung der Gierüberhöhung. Aufgrund der signifikanten Einflüsse auf die fahrdynamischen Kennwerte wird der Fokus der zu entwickelnden Methoden auf die Kompensation dieses Aktorübertragungsverhaltens gelegt.

Hierfür werden drei Methoden entwickelt, die auf verschiedenen Ansätzen basieren. Die erste Methode verwendet in einem iterativen Verfahren das inverse Übertragungsverhalten der hydraulischen Aktoren, um dem Regler kompensierende Zusatz-Bandlenkwinkel zu überlagern. Die zweite Methode korrigiert die Auswirkungen der nicht ausreichend genau erzeugten Reifenkräfte auf die Fahrzeugbewegungen in der x-y-Ebene. Die dritte Methode schätzt mittels einer modellprädiktiven Vorsteuerung den zukünftigen Fahrzeugzustand und kann dadurch die Reglersignale vorausschauend stellen, um die Verzögerungseffekte durch die Aktoren zu kompensieren. Die Wirksamkeit aller drei Methoden wird durch Zeitbereichssimulationen nachgewiesen.

Da alle Methoden spezifische Vor- und Nachteile aufweisen, wird ein Gesamtkonzept erarbeitet, das durch eine Kombination aller Methoden die realitätsnahe Durchführung querdynamischer Straßenmanöver ermöglicht. Durch Messungen auf dem HRW wird die Wirksamkeit aller drei Kompensationsmethoden aufgezeigt. Hierbei wird nachgewiesen, dass durch die gemeinsame Anwendung der Methoden im Rahmen des vorgestellten Gesamtkonzepts der verfälschende Einfluss des Lenkaktor-Übertragungsverhaltens kompensiert werden kann.

Dadurch wird es erstmalig möglich, auf dem HRW querdynamische Fahrmanöver ohne nennenswerten Einfluss des Lenkaktor-Übertragungsverhaltens durchzuführen. Die Vergleichbarkeit der Messergebnisse auf dem Prüfstand mit den Ergebnissen von Straßenmessungen wird dadurch signifikant erhöht. Im Rahmen dieser Arbeit durchgeführte Straßenmessungen erlauben es zudem, aufbauend auf den gewonnenen Ergebnissen weiterführende Untersuchungen zur Kompensation weiterer prüfstandsspezifischer Einflüsse durchzuführen.

Abstract

Today's automotive market is characterized by the megatrends automation, electrification and digitalization. Furthermore, the last years have shown an increasing diversity of vehicle variants. This leads to new challenges for the development process, as new testing methods have to be developed and a higher number of different vehicle variants have to be designed, tested, and certified. In the field of driving dynamics, possible solutions to this challenge include the increased utilization of virtual development methods. However, many vehicle characteristics still have to be determined by testing of the actual vehicle. Knowledge of the overall dynamic vehicle behavior is becoming increasingly important for the development of new control concepts like integrated vehicle dynamics control systems aiming to improve handling quality and ride comfort. This calls for a comprehensive and complementary approach to both simulation and testing. With current well-established test systems, only separated and isolated aspects of vehicle dynamics can be evaluated.

The Institute for Automotive Engineering Stuttgart (IFS) at the University of Stuttgart and the Research Institute for Automotive Engineering and Powertrain Systems Stuttgart (FKFS) jointly operate a Handling Roadway (HRW) Test System, which allows testing of a vehicle's combined longitudinal, lateral, and vertical characteristics. The HRW provides the possibility to supplement road testing with integrated vehicle testing under laboratory conditions. The HRW consist of four corner modules. Each corner module comprises a flat belt unit similar to those found on tire testing machines. The flat belts are powered by highly dynamic electric motors. This not only allows the vehicle's wheels to be turned, but also to apply propulsion or brake loading. The flat belt units are mounted on top of hydraulic vertical actuators, which provide the ability to introduce vertical excitations into the vehicle. In addition, the whole flat belt unit can be rotated around the vertical axis by additional hydraulic actuators, thereby creating side slip angles at the wheels, which create lateral tire forces. The vehicle is restrained by a Center of Gravity Restraint System (CGR) in the longitudinal, lateral, and yaw degrees of freedom, while the body is free to move in vertical, pitch, and roll. When conducting driving maneuvers, a road load inertia simulation generates corner velocity and steer angle commands from the roadway state and measured vehicle body forces in the restrained degrees of freedom.

One of the test system's applications is the characterization of driving dynamics characteristics by conducting driving maneuvers comparable to tests on a proving ground. Certain inherent limitations of the test system lead to differences in the measured vehicle behavior compared to the behavior of the vehicle on the road. The goal of the present work is to improve the comparability of lateral dynamics vehicle measurements on the road and on the HRW. In the scope of the work, the research is limited to the examination of pure lateral dynamics up to 3 Hz in the linear range at a constant velocity.

In order to identify the influences of said limitations, extensive simulative and analytical investigations are carried out. The vehicle model used for these simulations is a single track model which is enhanced by modelling the roll dynamics, the rolling motion induced steer effects, the influences of the tire dynamics, and the vehicle's rear axle steering system. Additionally, the vehicle model is modified in order to simulate the vehicle in combination with a model of the HRW. The HRW itself is modelled in a way that allows to consider or ignore several of the test system's limitations simultaneously or individually. This includes the consideration of additional masses and damping, influences of tire behavior, elasticity of mechanical components, data processing delays, and the dynamic behavior of hydraulic systems.

For the assessment of the influences, the dynamic responses of the vehicle states to the steering wheel input are evaluated. The main criterion is the magnitude of the yaw transfer function. As further criteria, the magnitude of the slide slip angle transfer function and the phase responses of those states are examined in specific cases. Analyzing these transfer functions yields information about both the steady-state and dynamic behavior of the vehicle and their dependency on the individual influences.

These examinations show that three factors have a significant influence on the lateral vehicle characteristics on the HRW compared to the road. The first factor results from differences in tire behavior. On the HRW, the flat belts are coated with sandpaper. While this creates a more realistic tire behavior than bare steel, there are still differences to real surfaces with higher surface roughness like concrete or asphalt. It is known that the lateral tire stiffness on flat surfaces with low surface roughness is considerably higher than on real road surfaces. This in turn leads to noticeable differences of the lateral vehicle dynamics. A real-time compensation of these differences would require additional measurement equipment and validly parametrized tire models. Therefore, a correction for these differences in post-processing is advisable.

The second considerable factor are mechanical elasticities in the vehicle restraint system. These can lead to resonance vibrations in the vehicle's yaw degree of freedom. The resonance frequencies are well above the examined frequency range of lateral dynamics, but have been shown to influence the lower-frequency vehicle dynamics to a certain degree. In order to compensate for these vibrations, the test system's manufacturer already developed an acceleration-based compensation method. While this method does not completely eliminate the aforementioned effects, it has the potential to significantly reduce the elasticity's influences on the vehicle dynamics.

The third factor that is identified to have a noticeable influence on the vehicle's lateral dynamics characteristics is the dynamic transfer behavior of the hydraulic steer actuators. They show both delay and pure dead-time characteristics. Furthermore, due to internal friction, the characteristics are nonlinear and significantly dependent of the excitation amplitude. These corner steer dynamics result in the steer angle feedback not achieving the command, affecting the vehicle state and consequent output of the road load inertia simulation. As a result, the vehicle response on the HRW shows a distinct increase of the yaw rate transfer function magnitude. Therefore, the focus of the work is placed on compensating the adverse effects of the steer actuators' transfer behavior.

Through systematic analysis of the HRW's control loop, three possible points of application for compensation methods are identified. For each of these points, a different approach for a compensation method is used.

The first compensation method adapts an established approach for the special application of driving dynamics measurements on the HRW. This approach uses knowledge of the measured actuators' transfer function in order to modify the actuators' command signals in the time domain. In principle, this equates to introducing the inverse transfer function in the signal flow. However, introducing the inverse transfer function of a time delay element can lead to instabilities. Especially due to the nonlinear behavior of the steer actuators, with the transfer function changing depending on the excitation amplitude, this approach is not well suited for application in real time. In order to overcome this challenge, the method uses an iterative approach where the same driving maneuver is performed multiple times. The inverse of the transfer behavior is only applied on the controller error, which yields an additional correction steer angle in the time domain. In the next iteration step, this additional steer angle is added to the controller's command angle, improving the feedback angle. Vehicle response changes each iteration as the steer feedback angle converges to the command generated by the road load inertia simulation. The converging steer angle results in slightly different tire forces being developed, which consequently affect the output of the road load inertia simulation. Therefore, the iteration has to be performed for multiple steps until it has converged.

The second method is purely model-based. The approach is based on the fact that due to the imperfect actuator performance, the actual corner steer angles differ from the commanded. Therefore, the side slip angles at the tires and the resulting tire forces differ from the theoretical state of the vehicle on the road. With knowledge of the cornering stiffness, which can be easily obtained from steady-state cornering maneuvers, it is possible to calculate the tire force differences which result from the difference in corner steer angles. From these tire forces, a correction lateral force and a correction yaw moment with respect to the vehicle body are calculated. The influences of the correction force and moment on the vehicle are then incorporated into the test system's inertia simulation. This method does not correct the actual actuators' performance. This means that the forces acting on the vehicle don't correspond to those that would be present on the road. Instead, only their influence on the complete vehicle body is taken into account. For this reason, the method is named "virtual compensation".

The third method, called "Preview method", also uses a model-based approach, specifically a model predictive feed-forward control (MPFFC). This means that during each time step of the real test system, the future vehicle state is estimated by a time-domain simulation. The prediction horizon is chosen to match the dead time of the actuators. Therefore, the steer actuator commands can be sent earlier and as a result, the dead-time and delay influences can be minimized. The vehicle model used for the model prediction simulations is the same enhanced single track model as the one used to examine the influences mentioned earlier.

Furthermore, as an additional tool, a dither excitation is added. This significantly linearizes the actuators' transfer behavior and therefore facilitates the use of linear compensation methods.

By conducting time-domain simulations, the efficacy of all presented compensation methods can be shown. However, all methods have specific limitations. As mentioned above, when using the virtual compensation, the actual forces generated at the wheel do not match the real forces that would occur on the road. Only the effects on the vehicle dynamics in the x-y-plane are taken into account. Other influences of the tire forces like the roll moment and suspension compliance are neglected. Applying the iteration method requires much time and effort. Since the same maneuver has to be performed multiple times, it is not possible to apply the method to arbitrary steering inputs which could theoretically be applied by a human driver. The preview, or MPFFC method eliminates both those limitations. However, for this method a detailed and well-parametrized vehicle model is needed.

In order to utilize the individual methods' advantages, a holistic concept comprising all methods is presented. The iteration method is used to identify the vehicle behavior without the adverse effect of the actuator dynamics. It is supported by the virtual compensation to stabilize the system and help the iterations to converge. The results of the iteration method are used to identify parameters of the vehicle model. This model can then be used by the preview method. Therefore, the extensive and time-consuming iteration process has to be conducted only once. After the model is parametrized, maneuvers with arbitrary and non-deterministic steering wheel inputs can be conducted as long as the overall vehicle operating condition in terms of velocity and range of lateral acceleration does not differ from that at which the model was parametrized.

The methods developed in simulation are then implemented on the HRW and validated experimentally. Vehicle dynamics measurements on the road are conducted and yield information about the vehicle behavior. This is used as a reference in order to be able to evaluate the vehicle behavior on the HRW. During the vehicle measurements on the HRW, the holistic concept mentioned above is used. All three compensation methods are shown to effectively decrease the adverse influences of the belt steer actuators' transfer behavior.

The measurements on the HRW without any compensations show the same characteristics as in the simulations. The yaw rate transfer function peak is significantly increased, while the steady-state yaw amplification is close to that on the road. As the virtual compensation method is the most feasible to implement and parametrize, it is realized and evaluated first. The measurements show the same advantageous influence of the compensation method as in the simulations. The peak of the yaw rate transfer function magnitude is significantly decreased compared to the measurements without compensation, however it remains visibly higher than on the road. Furthermore, self-induced low frequency yaw oscillations of the vehicle are considerably damped. Therefore, the virtual compensation is used simultaneously to the other compensation methods during the following measurements.

The measurement results of the iteration method clearly show an improvement of the corner steer actuators' transfer behavior. While the magnitude between desired corner steer angle and actual corner steer angle remains close to one, the phase lag is reduced with each iteration step and converges to zero after four iterations. This means that in the relevant frequency range up to 3 Hz, the corner steer actuators exhibit an ideal behavior. As a result, the compensation forces and moments of the virtual compensation vanish. This means that the correct forces act on the vehicle, no virtual correction forces have to be applied. The overall vehicle response changes slightly compared to the measurements with only the virtual compensation. The peak of the yaw rate transfer function is further reduced.

Using the measurement results of the final iteration, which represents the vehicle behavior on the HRW with ideal steer actuators, vehicle model parameters are obtained with a fitting method. This vehicle model is then used for the preview compensation method. The results in the overall vehicle behavior show negligible differences compared to the results of the iteration method. Similar to the results of the iteration method, the compensation forces and moments of the virtual compensation vanish, indicating a close to ideal corner steer actuator behavior.

The results illustrate that using a combination of the three compensation methods developed in this work, makes it possible to eliminate the dead time and delay characteristics of the belt steer actuators. To a certain degree, the compensation methods can also be used individually in application-oriented use cases, especially the virtual compensation.

Therefore, for the first time it is possible to conduct lateral dynamics measurements on the HRW without the adverse effects of the transfer behavior of the belt steer actuators. This greatly improves the measurement quality of dynamic measurements on the HRW. Overall, the results of this work represent a significant step to improve the comparability of vehicle dynamics measurements on the HRW to those on the road.

However, while the comparability between HRW and road tests is significantly improved, further influences still exist. The examinations conducted in this work indicate possible factors which represent starting points for additional improvements. The compensation methods developed in this work create a testing environment where these further examinations of inherent characteristics of the HRW can be examined more closely.

1 Einleitung

Der heutige Fahrzeugmarkt ist geprägt von den Megatrends Automatisierung, Elektrifizierung und Digitalisierung [31, 63]. Zudem kann in den letzten Jahrzehnten eine zunehmende Variantenvielfalt beobachtet werden [89]. Dies führt zu neuen Herausforderungen für den Fahrzeugentwicklungsprozess, da sowohl neue Testmethoden geschaffen als auch eine höhere Anzahl an Fahrzeugen entwickelt und abgesichert werden müssen.

Im Bereich der Fahrdynamik beinhalten mögliche Lösungen die verstärkte Nutzung virtueller Entwicklungsmethoden zur Auslegung der Fahreigenschaften [5, 73]. Dennoch lassen sich viele Eigenschaften nur durch Tests und Messungen am realen Fahrzeug identifizieren. Die Fahrdynamik wird dabei üblicherweise durch Versuchsfahrten auf der Straße oder auf Prüfgeländen untersucht [77]. Zur Vermessung einzelner Fahrzeugparameter existiert eine breite Auswahl verschiedener spezialisierter Prüfstände. Diese reichen in ihrer Größe und Komplexität von Komponenten- über Subsystem- bis hin zu Gesamtfahrzeugprüfständen. Durch Aufbau umfangreicher Prüffelder lassen sich dadurch sämtliche mechanische Eigenschaften von Kraftfahrzeugen bestimmen [14, 19]. Aus den daraus gewonnenen Messwerten können z. B. entsprechende Fahrzeugmodelle parametriert werden, um die Fahrdynamik des Gesamtfahrzeugs simulativ zu untersuchen.

Der Aufbau solcher Prüffelder ist jedoch mit hohem Aufwand und Kosten verbunden. Zudem können die jeweiligen Fahrzeugparameter auf den Prüfständen zwar hochpräzise gemessen werden, jedoch nicht zwangsläufig unter realistischen Einsatzbedingungen. Es kann daher vorteilhaft sein, die Prüfstandsmessungen nicht auf einzelnen spezialisierten Prüfständen mit selektiven Anregungen durchzuführen, sondern auf einem Prüfstand, auf dem das Fahrzeug in realistischen Betriebszuständen betrieben werden kann. Das Institut für Fahrzeugtechnik Stuttgart (IFS) betreibt in Kooperation mit dem Forschungsinstitut für Kraftfahrwesen und Fahrzeugmotoren Stuttgart (FKFS) einen solchen Fahrzeugdynamikprüfstand (engl. Handling Roadway System, HRW). Auf diesem ist es unter anderem möglich, die Fahrdynamik eines Fahrzeugs bei realitätsnahen Fahrmanövern unter Laborbedingungen zu untersuchen [61, 94].

Die Möglichkeiten des HRW, die dreidimensionale Fahrzeugdynamik ganz-
heitlich zu untersuchen, eröffnen vielfältige Forschungsfelder. Diese umfassen
insbesondere:

■ Messung und Charakterisierung des Gesamtfahrzeugverhaltens durch
   Fahrversuche

■ Entwicklung und Erprobung erweiterter Fahrerassistenzsysteme und Systeme zum autonomen Fahren in einer Vehicle-in-the-Loop-Umgebung

■ Charakterisierung von Subsystemen im realistischen Umfeld im Gesamtfahrzeug

■ Ganzheitliche und anwendungsspezifische Entwicklung und Parametrierung von Fahrzeug- und Subsystemmodellen

Hierfür ist es nötig, eine hohe Übereinstimmung der Fahrzeugdynamik auf
dem Prüfstand mit der Fahrzeugdynamik auf der Straße zu erzielen [1]. Insbesondere bei der Durchführung querdynamischer Fahrmanöver kann sich jedoch das auf dem HRW gemessene Fahrzeugverhalten vom dem auf der
Straße unterscheiden. Dies betrifft sowohl das stationäre als auch das dynamische Fahrzeugverhalten. Gründe hierfür liegen in verschiedenen systemdynamischen und prüfstandsspezifischen Einflüssen [3, 94], die im Rahmen dieser
Arbeit untersucht werden. Während Prüfstände mit ähnlichem Konzept bereits
früher verwirklicht wurden [48–50, 81], ist der HRW der erste Prüfstand seiner
Art in dieser Ausbaustufe. Insbesondere im Bereich der oben genannten An-
wendungs- und Forschungsfelder bestehen daher keine Erfahrungen und etablierten Prozesse zum Umgang mit den prüfstandsspezifischen Einflüssen.

Vor diesem Hintergrund ergibt sich das übergeordnete Ziel der vorliegenden
Arbeit, die Vergleichbarkeit des Fahrzeugverhaltens bei Prüfstands- und Straßenmessungen zu erhöhen. Hierfür sollen geeignete Kompensationsmethoden
entwickelt und implementiert werden, mit denen die Auswirkungen prüfstandsspezifischer Einflüsse minimiert werden können. Im Rahmen dieser Arbeit wird dabei ausschließlich das querdynamische Verhalten des Fahrzeugs
im Frequenzbereich bis 3 Hz betrachtet. Da das Fahrzeugverhalten erheblich
von der Fahrgeschwindigkeit abhängt, werden sämtliche Untersuchungen bei
einer konstanten Fahrzeuglängsgeschwindigkeit durchgeführt.

Zur Erreichung des Ziels werden zunächst die bekannten Einflussfaktoren auf
das Fahrzeugverhalten analysiert. Anhand von analytischen Betrachtungen

und Simulationen werden die Auswirkungen der jeweiligen Einflussfaktoren charakterisiert und soweit möglich quantifiziert. Auf Grundlage dieser Untersuchungen können gezielt Einflussfaktoren identifiziert werden, deren Kompensation deutliche Verbesserungen erwarten lässt. Als ein Einflussfaktor mit signifikantem verfälschenden Einfluss auf das Fahrzeugverhalten wird hierbei das Übertragungsverhalten hydraulischer Lenkaktoren des Prüfstands identifiziert. Der Fokus der Arbeit wird daher auf der Kompensation dieser Einflüsse des Lenkaktor-Übertragungsverhaltens gelegt.

Die Entwicklung der Kompensationsmethoden erfolgt zunächst simulativ mithilfe eines vereinfachten Fahrzeug- und Prüfstandsmodells. Die entwickelten Methoden werden dann am realen HRW implementiert. Zur Evaluation der Methoden werden zusätzlich Fahrdynamikmessungen auf der Straße durchgeführt. Erste Ergebnisse zu diesen Untersuchungen sind bereits in [96] dargestellt.

2 Stand der Technik

Der in dieser Arbeit verwendete Fahrzeugdynamikprüfstand (HRW) stellt ein Bindeglied zwischen bestehenden Gesamtfahrzeug- und Komponentenprüfständen einerseits und dem Fahrversuch auf der Straße andererseits dar. Zum besseren Verständnis der Eingliederung des HRW in die am Markt bestehende Prüfstandslandschaft werden zunächst etablierte Prüfstandskonzepte vorgestellt, die in der Untersuchung und Entwicklung der Fahrzeugdynamik zum Einsatz kommen. Weiterhin werden etablierte Methoden zur Messung und Charakterisierung der Fahrzeugdynamik im Rahmen von Fahrdynamikmessungen auf der Straße vorgestellt. Darauf aufbauend werden der Aufbau, die Funktionsweise und Anwendungsmöglichkeiten des HRW vorgestellt.

2.1 Prüfstandstechnik im Fahrzeugentwicklungsprozess

In der Entwicklung und Erprobung von Fahrzeugen kommt eine Vielzahl verschiedener Prüfstände zum Einsatz. Dieses Kapitel gibt einen Überblick über einige Prüfstandstypen und deren Anwendungen, um darauf aufbauend den Stuttgarter Fahrzeugdynamikprüfstand vorstellen und eingliedern zu können. Aufgrund der großen Bandbreite an verschiedenen Prüfstandstypen liegt der Fokus dabei auf Prüfständen, die für die Fahrdynamik relevant sind und deren Aufbau bzw. Anwendungszweck denen des HRW ähnelt. Da der HRW Elemente aus Reifen-, Hydropuls- und Elastokinematikprüfständen in einer Hardware-in-the-Loop-Umgebung vereint, werden diese Prüfstände und Technologien vorgestellt. Eine umfassende Betrachtung von Prüfständen, die in der Automobilindustrie zum Einsatz kommen, ist z.B. in [19] gegeben.

Reifenprüfstände

Da der Reifen das Bindeglied zwischen Fahrzeug und Fahrbahn darstellt, nimmt die Untersuchung der Reifeneigenschaften im Entwicklungsprozess eine wichtige Rolle ein. Hierbei ist es unverzichtbar, umfangreiche Messungen zur Charakterisierung der Reifeneigenschaften und Parametrierung komplexer Reifenmodelle durchzuführen [78, 80]. Ortsfeste Reifenprüfstände lassen sich dabei in Innentrommel-, Außentrommel- und Flachbandprüfstände gliedern

© Der/die Autor(en), exklusiv lizenziert an
Springer Fachmedien Wiesbaden GmbH, ein Teil von Springer Nature 2024
D. Zeitvogel, *Methodik für die Querdynamik-Evaluation auf einem Fahrzeugdynamikprüfstand*, Wissenschaftliche Reihe Fahrzeugtechnik Universität Stuttgart, https://doi.org/10.1007/978-3-658-44095-4_2

[76]. Bei diesen Prüfständen rollt der Reifen auf einem bewegten Untergrund ab. Durch Änderung der Reifenstellung relativ zum Untergrund sowie durch Aufbringen von Antriebs- und Bremsmomenten können Reifenkräfte erzeugt werden, die durch entsprechende Kraft- und Momentensensoren gemessen werden.

Bei Innen- und Außentrommelprüfständen rollt der Reifen auf der Oberfläche einer zylindrischen Trommel ab. Die Trommel besteht meistens aus Metall und kann mit rauen Materialien beklebt werden. Bei Außentrommelprüfständen können aufgrund der Fliehkraft keine schweren Oberflächenbeläge wie Asphalt- oder Betonfahrbahnen realisiert werden. Üblich sind daher Oberflächenbeschichtungen mit Schmirgelleinen oder Sandpapier [51]. Aufgrund des geringen Bauraumes und des guten Kosten-Nutzen-Verhältnissen sind Außentrommelprüfstände weit verbreitet [76].

Innentrommelprüfstände bieten den Vorteil, dass eine Vielzahl verschiedener Oberflächen durch austauschbare Elemente nachgebildet werden können. Statt dem üblichen Safety-Walk-Belag [7] können auch lose Beläge, wie z.b. Wasser, Eis und Schnee, aufgebracht werden, ohne abgeschleudert zu werden [26]. Bei Innen- und Außentrommelprüfständen wird durch die Trommelkrümmung die Druckverteilung im Reifenlatsch verändert. Dadurch sind systematische Abweichungen der Messgrößen unvermeidbar. [51, 84]

Bei Flachbandprüfständen rollt der Reifen auf einem umlaufenden biegeweichen Metallband ab, das um zwei annähernd achsparallele Rollen geführt und von diesen angetrieben wird. Im Bereich der Reifenaufstandsfläche wird das Laufband durch ein Lager gestützt, das die Vertikalkräfte aufnimmt [51]. Wird das Lager unter der Reifenaufstandsfläche wie üblich als hydrodynamisches Wasserlager ausgeführt, kann dadurch die Aufstandsfläche temperiert werden [80]. Seitenkräfte zwischen Reifen und Band können zu einer seitlichen Axialbewegung des Bandes führen. Durch Schrägstellen der Rollen gegeneinander kann diese Querbewegung ausgeregelt werden [29]. Mit der ebenen Aufstandsfläche lässt sich eine realitätsnahe Druckverteilung im Reifenlatsch erzielen.

Bezüglich der möglichen Oberflächenbeschaffenheit des Bandes ergeben sich jedoch Einschränkungen. Das Band muss einen ausreichend kleinen Biegeradius aufweisen, damit es um die Trommeln geführt werden kann. Daher müssen etwaige Oberflächenbeschichtungen eine entsprechende Flexibilität aufweisen. Feste Oberflächen wie Asphalt oder Beton sind somit nicht umsetzbar.

Üblich sind sogenanntes „Safety Walk" und Sandpapier [8]. Verglichen mit einem unbeschichteten Stahlband ergibt sich zwar ein realitätsgetreueres Reifenverhalten, jedoch können sich durch die im Gegensatz zur Straße geringere Rautiefe Unterschiede in der maximal übertragbaren Reifenkraft und in der Reifenseitenkraftsteifigkeit ergeben [6, 8].

Im Gegensatz zu den beschriebenen ortsfesten Reifenprüfständen können auch Reifenmessfahrzeuge eingesetzt werden. Diese sind entweder auf einem LKW-Chassis aufgebaut oder als Messanhänger ausgeführt. Der zu untersuchende Reifen wird während der Fahrt mit definierter Kraft auf die Straße gedrückt und kann je nach Ausführung mit Antriebs- oder Bremsmomenten sowie mit Sturz- und Schräglaufwinkeln beaufschlagt werden. Die Kraftmessung erfolgt über eine Mehrkomponenten-Messnabe. [51]

Der offensichtliche Vorteil der Reifenmessfahrzeuge liegt darin, dass Messungen auf realen Straßenoberflächen mit ebener Reifenkontaktfläche möglich sind. Verschiedene Fahrbahnoberflächen sind ohne Prüfstandsrüstzeit durch einfachen Standortwechsel möglich. Nachteilig wirkt sich die Kontrollierbarkeit von Umgebungseinflüssen aus. Diese sind nur in einem begrenzten Rahmen beeinflussbar, z.B. durch Aufbringen eines Wasserfilms vor dem Reifen [28, 41]. Bezüglich Temperaturen und natürlich auftretender Niederschläge sind diese Messungen Schwankungen unterworfen. Zudem lässt sich die Fahrgeschwindigkeit oft nicht so präzise regeln wie auf stationären Prüfständen. Dies beeinträchtigt die Reproduzierbarkeit der Messungen. [51]

Hydropulsprüfstände

Unter dem Begriff „Hydropulsprüfstände" werden allgemein Prüfstände zusammengefasst, auf denen durch Hydraulikzylinder hochdynamische Kräfte erzeugt werden können. Ausführungen mit einzelnen Hydraulikzylindern finden Anwendung in Komponentenprüfständen, z.B. zur Ermittlung der Steifigkeit und Dämpfung von Aufbaufedern und Stoßdämpfern [19].

Bei Untersuchungen auf Gesamtfahrzeugebene werden Stempel- oder Hydropulsprüfstände verwendet, um Vertikalschwingungen in die stehenden Räder eines frei schwingenden Fahrzeugs einzuleiten [19]. Bei der üblichen Ausführung mit vier Stempeln sind Untersuchungen mit gleich- und wechselsinnigem Einfedern möglich. Erweiterte Ausführungen mit bis zu sieben Stempeln erlauben es, Kräfte direkt in die Karosserie einzuleiten. Dadurch lassen sich gezielte Aufbaubewegungen hervorrufen und z. B. der Einfluss aerodynamischer Kräfte und Momente simulieren [47].

Anwendungsfälle umfassen einerseits die vertikaldynamische Abstimmung und die Simulation fahrdynamischer Zustände am stehenden Fahrzeug. Ziel ist dabei meist eine Minimierung bzw. Optimierung der Aufbaubeschleunigungen sowie der Radaufstandskraftänderung. Andererseits dienen Hydropulsprüfstände auch zu Dauerfestigkeitsuntersuchungen sowohl des Gesamtfahrzeugs als auch von Komponenten [87].

Elastokinematik-Prüfstände

Elastokinematik-Prüfstände (engl.: Kinematics and Compliance, K&C) sind Gesamtfahrzeugprüfstände, die der Vermessung gesamter Fahrwerkskonzepte dienen. Ermittelt werden insbesondere die kinematischen Änderungen der Radstellung bei Hub-, Nick- und Wankbewegungen sowie die elastokinematischen Änderungen der Radstellung abhängig von Kräften und Momenten, die auf den Radträger wirken. Dazu werden bei fest eingespannter Karosserie die Radträger mit Lasten beaufschlagt. Die Krafteinleitung erfolgt üblicherweise über Radersatzsysteme [64]. Diese sind fest mit dem Radträger verbunden und erlauben es, gezielt Kräfte in definierten Richtungen aufzubringen, während die anderen Richtungen kraftfrei bleiben. So wird z. B. durch eine reibungsarme Lagerung in der x-y-Ebene erreicht, dass der Einfluss reiner Einfederung ohne Erzeugung von Längs- und Seitenkräften gemessen werden kann [33, 83]. Neuere Ausführungen erlauben auch die dynamische Anregung bis 30 Hz. Damit können auch dynamische Eigenschaften wie Steifigkeitshysteresen und Reibungseffekte der Fahrwerkskomponenten parametriert werden und realistische, dynamische Fahrmanöver nachgebildet werden [52].

2.2 Fahrdynamikmessungen

Ungeachtet der zunehmenden Anwendung simulativer Methoden und Prüfstandsmessungen sind reale Fahrversuche weiterhin ein elementarer Bestandteil der Fahrdynamikentwicklung [77]. In diesem Abschnitt werden Standardmanöver beschrieben und die im Rahmen dieser Arbeit angewandte Auswertemethodik vorgestellt. Grundsätzlich lässt sich das Fahrverhalten durch Fahrversuche sowohl subjektiv als auch objektiv beurteilen. Die subjektive Beurteilung erfolgt dabei in der Regel durch geschulte Testfahrer in Closed-Loop-Fahrmanövern. Trotz der Professionalität der Fahrer kann die Bewertung psychisch und physisch bedingten Mess- und Beurteilungsschwankungen unterliegen [30]. Zunehmend wird das Fahrverhalten daher anhand objektiver Kennwerte charakterisiert. Da der HRW, wie bei Prüfständen üblich, nur objektive Messungen erlaubt, werden im Folgenden ausschließlich Messverfahren zur objektiven Beurteilung betrachtet. Ebenso werden die vorgestellten Verfahren auf querdynamische Manöver beschränkt, da diese für die Untersuchungen im Rahmen dieser Arbeit relevant sind.

Zur Bewertung von Fahrdynamikeigenschaften werden unter anderem in Normen definierte Fahrmanöver durchgeführt. Dadurch wird sowohl eine Vergleichbarkeit zwischen verschiedenen Fahrzeugen als auch eine hohe Reproduzierbarkeit der Messungen erreicht. Eine umfassende Übersicht der standardisierten Manöver ist in [35] aufgeführt. Aus Gründen der Übersichtlichkeit wird an dieser Stelle nur ein Überblick über die verbreitetsten Manöver gegeben.

Viele der Manöver sind Open-Loop-Messungen. Für querdynamische Untersuchungen werden dabei festgelegte Lenkradwinkelverläufe vorgegeben. Zur Erhöhung der Genauigkeit können hierfür auch Lenkroboter zum Einsatz kommen [77]. Diese Messverfahren spiegeln nicht zwangsläufig reale Fahrsituationen wider, eignen sich aber zur Charakterisierung des dynamischen Fahrverhaltens unter kontrollierten Messbedingungen. Ein Beispiel für ein Open-Loop-Manöver zur Ermittlung stationärer Kennwerte ist die in ISO 4138 definierte stationäre Kreisfahrt [38].

Das dynamische Fahrverhalten kann durch verschiedene Manöver charakterisiert werden, die unterschiedliche Frequenz- und Querbeschleunigungsbereiche abdecken. Diese reichen vom On-Center-Bereich (Weave Test, ISO 13674-1 [36]) bis hin zu Manövern im Grenzbereich, die zur Applikation von Fahrdynamikregelsystemen dienen (Doppelter Spurwechsel, ISO 3888-1 [37] und Sine with Dwell, FMVSS 126 [24]).

Im Fokus dieser Arbeit steht die Untersuchung des querdynamischen Fahrzeugverhaltens im linearen Bereich. Zu dessen Auswertung werden üblicherweise die Übertragungsfunktionen von Lenkradwinkel auf verschiedene fahrdynamisch relevante Bewegungsgrößen verwendet [59]. Entsprechende Messverfahren zur Ermittlung des querdynamischen Übertragungsverhaltens im linearen Bereich sind in ISO 7401 beschrieben [20]. Die dort aufgeführten Methoden zur Bestimmung des Übertragungsverhaltens im Frequenzbereich umfassen Lenkwinkelsprünge, stochastische Lenkwinkeleingaben, Dreieckimpulse und sinusförmige Lenkwinkeleingaben. Wie in Abschnitt 3.1 beschrieben wird, dient diese Norm als Richtlinie für die in dieser Arbeit durchgeführten Messungen, wobei aus dort beschriebenen Gründen einzelne Parameter von den Vorgaben der Norm abweichen.

Die zur Untersuchung herangezogenen Übertragungsfunktionen sind insbesondere die Gierübertragungsfunktion (d.h. Übertragungsfunktion von Lenkradwinkel auf Gierrate), die Schwimmwinkelübertragungsfunktion (Übertragungsfunktion von Lenkradwinkel auf Schwimmwinkel) und die Wankwinkelübertragungsfunktion (von Lenkradwinkel auf Wankwinkel). Die Ermittlung der Übertragungsfunktionen in Theorie und Praxis wird im Folgenden kurz beschrieben.

Allgemein beschreibt eine Übertragungsfunktion $G(s)$ eines Systems das Verhältnis zwischen Systemein- und -ausgang abhängig von der Frequenz:

$$G(s) = \frac{Y(s)}{U(s)}$$

Gl. 2.1

Dabei stellen $U(s)$ und $Y(s)$ mit der komplexen Frequenz s die Laplace-transformierten der Eingangs- bzw. Ausgangsgrößen $u(t)$ und $y(t)$ im Zeitbereich dar [55]. Die Übertragungsfunktion eines linearen Systems wie das in Abschnitt 3.2.1 vorgestellte Fahrzeugmodell lässt sich dabei grundsätzlich in der Form von Gl. 2.2 darstellen, wobei für technisch realisierbare Systeme $q \leq n$ gelten muss [55].

$$G(s) = \frac{b_q s^q + b_{q-1} s^{q-1} + \cdots + b_1 s + b_0}{a_n s^n + a_{n-1} s^{n-1} + \cdots + a_1 s + a_0}$$

Gl. 2.2

Bei modellierten Systemen mit bekannten Parametern lässt sich diese Übertragungsfunktion analytisch herleiten. Bei realen Messungen werden Signale im Zeitbereich gemessen, aus denen sich die Übertragungsfunktion nicht analytisch herleiten lässt. In diesem Fall ist das übliche Vorgehen, eine numerische Schätzung der Übertragungsfunktion aus den spektralen Leistungsdichten des Ein- und Ausgangssignals entsprechend der Gl. 2.3 zu berechnen [45].

$$G(s) = \frac{S_{uy}(s)}{S_{uu}(s)} \qquad \text{Gl. 2.3}$$

Hierbei ist $S_{uy}(s)$ das Kreuzleistungsspektrum von Ein- und Ausgangssignal und $S_{uu}(s)$ das Autoleistungsspektrum des Eingangssignals. In der hier durchgeführten numerischen Untersuchung erfolgt die Schätzung der jeweiligen Leistungsspektren nach der Methode von Welch [91]. Die in Gl. 2.3 verwendete sogenannte H_1-Schätzung eignet sich insbesondere, wenn das Eingangssignal rauschfrei und das Ausgangssignal mit Messfehlern bzw. Rauschen behaftet ist [43], wie es bei Fahrdynamikmessungen üblicherweise auftritt.

2.3   Der Stuttgarter Fahrzeugdynamikprüfstand

Der Stuttgarter Fahrzeugdynamikprüfstand (Handling Roadway System, HRW) wurde im Jahr 2018 am Institut für Fahrzeugtechnik Stuttgart (IFS) von der Firma MTS Systems Corporation errichtet [94] und im Jahr 2020 offiziell in Betrieb genommen. Er vereint Merkmale mehrerer in Abschnitt 2.1 beschriebener Prüfstände und ermöglicht dadurch die kombinierte Untersuchung der Fahrzeugdynamik in Längs-, Quer- und Vertikalrichtung. In Abschnitt 2.3.1 werden zunächst der Aufbau und die grundlegende Funktionsweise des HRW beschrieben, in Abschnitt 2.3.2 werden die sich daraus ergebenden Haupt-Anwendungsgebiete des HRW vorgestellt.

Erste Prüfstände mit dem Ziel, die Gesamtfahrzeugdynamik in dieser Form auf einem Prüfstand abbilden zu können, entwickelte die Firma MTS in den 1990er Jahren für die Firma Fiat [48–50]. Im Jahr 2003 errichtete MTS einen Prüfstand nach vergleichbarem Konstruktionsprinzip für die Streitkräfte der Vereinigten Staaten. Dieser Prüfstand ist von der Dimensionierung auf Rollover-Versuche an Militärfahrzeugen ausgelegt und verfügt über eine entsprechend geringere Dynamik [81]. Die Weiterentwicklung dieser Prüfstände erfolgt im Rahmen einer strategischen Partnerschaft von MTS und dem FKFS sowie dem IVK bzw. IFS der Universität Stuttgart. Ein Fokus liegt dabei auf der dynamischen Leistungsfähigkeit, die unter anderem durch besonders dynamische elektrische Antriebsmotoren und verzögerungsarme Datenübertragung erreicht wird. [3] Der aus dieser Kooperation entstandene HRW ist der erste und weiterhin der einzige öffentlich zugängliche Prüfstand seiner Art, der spezifisch zur Untersuchung der ganzheitlichen Fahrzeugdynamik verwendet werden kann.

Ein Prüfstand ähnlichen Aufbaus mit vier lenkbaren Flachbandeinheiten wurde unter dem Namen „Dynamic Vehicle Road Simulator" (DVRS) am Niedersächsischen Forschungszentrum Fahrzeugtechnik geplant [32]. Umgesetzt wurde der DVRS jedoch als Fahrzeug-Mockup auf einem hydraulischen Hexapod. Er wird verwendet zur Untersuchung des Fahrerverhaltens und der Fahrerwahrnehmung in Szenarien des automatisierten Fahrens [65]. Die Erweiterung um Flachbandeinheiten zur Generierung eines realistischen Lenkungsfeedbacks ist angedacht [27].

2.3.1   Aufbau und Funktionsweise

Der in Abbildung 2.1 dargestellte HRW besteht aus vier Eckmodulen, auf denen jeweils ein Fahrzeugrad positioniert wird. Jedes Eckmodul umfasst eine Flachbandeinheit, die durch einen hochdynamischen Elektromotor angetrieben wird und damit sowohl eine Rotation der Fahrzeugräder ermöglichen als auch statische und dynamische Brems- und Antriebskräfte aufbringen kann.

Die Flachbandeinheiten sind auf vertikalen Hydraulikzylindern angebracht, mit denen wie auf einem Hydropuls-Prüfstand vertikale Anregungen auf das Fahrzeug aufgebracht werden können. Zusätzlich lässt sich die gesamte Anordnung aus Flachbandeinheit und Vertikalaktuator durch einen weiteren hydraulischen Aktuator, den Lenkaktor, um die Hochachse drehen. Dies ermöglicht die Erzeugung von Schräglaufwinkeln und damit Seitenkräften an den drehenden Reifen.

[Wittke/FKFS]

Abbildung 2.1: Der Stuttgarter Fahrzeugdynamikprüfstand

Das Fahrzeug kann auf dem Prüfstand sowohl geschleppt als auch mit eigenem Antrieb betrieben werden. Im ersten Fall wird das Fahrzeuggetriebe in Neutral geschaltet und die Flachbänder prägen den Rädern eine Geschwindigkeit auf. Im zweiten Fall wird das Fahrzeug von seinem eigenen Antriebsstrang angetrieben. Die Bedienelemente des Fahrzeugs, d.h. Pedale, Schalt- oder Gangwählhebel und Lenkrad werden dabei von einem Fahrerroboter des Typs Stähle S2000 bedient. In diesem Fall wirken die Antriebsmotoren der Flachbandeinheiten den Antriebskräften des Fahrzeugs entgegen. Dadurch können simulierte Fahrwiderstände auf das Fahrzeug aufgebracht werden.

Die Fesselung des Fahrzeugs auf dem Prüfstand kann auf verschiedene Arten erfolgen. Für die meisten, insbesondere die im Rahmen dieser Arbeit untersuchten Anwendungsfälle kommt die Schwerpunktfesselung (Center of Gravity Restraint System, CGR) zum Einsatz. Dieses System ist auch in Abbildung 2.1 zu sehen. Dabei wird die Karosserie so eingespannt, dass die Längs-, Quer- und Gierbewegung gesperrt sind. Hub-, Wank- und Nickbewegungen kann der Aufbau frei durchführen. Über zusätzliche Aktoren am CGR können Vertikalkräfte sowie Wank- und Nickmomente auf das Fahrzeug aufgebracht werden. Dies erlaubt z. B. die Simulation aerodynamischer Auftriebskräfte. An den Reifen erzeugte Längs- und Querkräfte werden über die Karosserie in das CGR geleitet und dort abgestützt. Die Geometrie des CGR ist dabei so ausgelegt, dass die Reaktionskräfte im Fahrzeugschwerpunkt abgestützt werden. Da die Reaktionskräfte den auf der Straße wirkenden Fliehkräften entsprechen, wird dadurch sichergestellt, dass das Fahrzeug trotz der Einspannung ein realistisches Wankverhalten aufweist.

Der HRW kann für verschiedene Anwendungsfälle in mehreren verschiedenen Modi betrieben werden. Diese umfassen:

■ „Road Load": Straßensimulation, bei der der Prüfstand auf Reaktionskräfte und -momente des Fahrzeugs reagiert

■ „Road Speed": Fahrzeug-Bewegungsgrößen wie Längs-, Quer- und Giergeschwindigkeit werden vom Benutzer vorgegeben und vom Prüfstand gestellt

■ „Corner": Die Bewegungsgrößen der einzelnen Eckmodule können unabhängig voneinander vorgegeben werden.

■ „User": Frei konfigurierbarer Modus, bei dem der Bediener über eine Schnittstelle zu einer Echtzeit-Simulationsumgebung beliebige Signale des Prüfstandsrechners ersetzen oder überlagern kann. [3]

Im Folgenden wird die grundlegende Funktionsweise des „Road Load"-Modus vorgestellt. Bei diesem Modus handelt es sich um eine Straßensimulation, d. h. die Fahrzeugbewegungen werden realitätsgetreu nachgebildet. Der Übersichtlichkeit halber wird für diese Vorstellung ein rein querdynamisches Manöver betrachtet. Das Prinzip ist vereinfacht in Abbildung 2.2 dargestellt. Als Ausgangssituation fährt das Fahrzeug mit einer konstanten Längsgeschwindigkeit geradeaus. Durch Drehen des Lenkrads entstehen Schräglaufwinkel und damit Seitenkräfte an den Vorderrädern. Diese Kräfte werden über das Fahrwerk und die Karosserie wie oben beschrieben in die CGR-Fesselung eingeleitet und dort von biaxialen Kraftmessdosen gemessen. Die daraus berechnete Querkraft und das Giermoment werden in einer Simulation auf einen simulierten Fahrzeugkörper aufgebracht. Anhand grundlegender Bewegungsgleichungen (namentlich die Newton- und Euler-Gleichungen [44]) können so die Beschleunigungen in der x-y-Ebene errechnet werden, die das Fahrzeug ohne Einspannung erfahren würde. Durch numerische, zeitliche Integration

der Beschleunigungen ergeben sich daraus die Längs-, Quer- und Gierge-
schwindigkeiten $v_x, v_y, \dot\psi$ des virtuellen Fahrzeugs. Statt der Bewegung des
Fahrzeugs über die Straße werden die Bandlenkwinkel ζ_i und Bandgeschwin-
digkeiten v_i gestellt, die den Bewegungsvektoren des Fahrzeugs an den Radpositionen entsprechen. Der Laufindex i steht hierbei für die vier Räder.

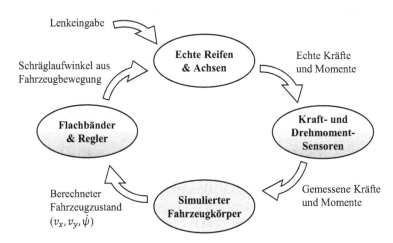

Abbildung 2.2: Grundlegendes Funktionsprinzip nach [3]

Zusätzlich zum hier beschriebenen Funktionsprinzip ist es auch möglich,
sämtliche Aktoren des Prüfstands individuell anzusteuern. Durch eine modulare und offene Schnittstellendefinition kann das System mit einem Echtzeit-
simulationssystem gekoppelt werden. Dies erlaubt es dem Nutzer, experimentelle und weiterentwickelte Steuerungs- und Regelungsalgorithmen zu integrieren. Dabei können vorhandene vom Prüfstand bereitgestellte Sensordaten
und vom Hersteller implementierte Algorithmen mit nutzerindividuellen Algorithmen kombiniert werden [3].

2.3.2 Anwendungsmöglichkeiten

Aus dem Prüfstandsaufbau sowie dem offenen Schnittstellen- und Reglerkon-
zept ergibt sich eine Vielzahl verschiedener Anwendungsmöglichkeiten. Ein
hauptsächliches Anwendungsfeld des HRW ist die Fahrdynamikentwicklung
und -untersuchung. Wie beschrieben, bietet der HRW die Möglichkeit, das

Fahrzeug gleichzeitig in den Längs-, Quer- und Vertikalfreiheitsgraden anzuregen. Dadurch lassen sich nicht nur rein querdynamische Manöver darstellen, sondern auch kombinierte Manöver wie Tip-in oder Bremsen in der Kurve. Die Untersuchung und Objektivierung dieser kombinierten Fahrdynamik gewinnt in der Fahreigenschaftsentwicklung zunehmend an Bedeutung [72].

Ein weiteres Anwendungsfeld bietet sich in der Entwicklung, Validierung und Zertifizierung von Fahrzeugregelsystemen. Die denkbare Bandbreite reicht hierbei von elektronischen Stabilitätsprogrammen (ESP) und Torque-Vectoring-Systemen bis zu Fahrerassistenzsystemen. Ein Beispiel hierfür ist die Entwicklung und Applikation zukunftsweisender Technologien wie Methoden zur Reibwertschätzung. Die Erzeugung spezifischer Schlupfzustände an den Fahrzeugreifen ermöglichen hierbei die Generierung von Trainingsdaten für KI-Modelle [82].

Zusätzlich kann die Systemperformance von Fahrerassistenz- und Fahrdynamikregelsystemen in spezifischen vordefinierten Fahrsituationen im echten Gesamtfahrzeug untersucht werden. Dies erlaubt zudem die Überprüfung der Systemstabilität und Fehlertoleranzen der Regelsysteme mittels Fehlerinjektion. Durch die Durchführung der Tests in einer sicheren Prüfstandsumgebung werden mögliche Gefährdungen von Testfahrern ausgeschlossen.

Außerdem kann der HRW die modellbasierte Entwicklung unterstützen. Durch System- und Parameteridentifikationsmethoden können sowohl physikalische als auch rein datenbasierte Fahrzeugmodelle bedatet werden, die dann zur simulativen Fahreigenschaftsuntersuchung dienen können. Die modulare und offene Schnittstellendefinition ermöglicht es dabei, den HRW für spezialisierte Versuche abseits der vom Hersteller vorgesehenen Anwendungsfälle zu verwenden. Dies umfasst zum Beispiel die Charakterisierung von Subsystemen durch gezieltes Aufbringen von Kräften, wie z. B. die Ermittlung von Feder- und Dämpferkennlinien [57, 58] oder kinematischen Kenngrößen [75]. Dadurch können in einem limitierten Betriebsbereich auch Funktionalitäten spezialisierter Prüfstände, wie K&C-Prüfstände, abgedeckt werden [95].

Auf dem HRW können realitätsnahe Fahrsituationen mit hoher Reproduzierbarkeit unter kontrollierbaren Bedingungen nachgebildet werden. Dies ermöglicht es, Messungen durchzuführen, bei denen höchste Messgenauigkeit gefordert wird. Ein Beispiel dafür ist die Analyse von Restbremsmomenten, deren

Größenordnung oft nur wenige Nm beträgt. Auf dem HRW können ohne verfälschende Umwelteinflüsse präzise Messungen durchgeführt werden, was die dafür benötigten Untersuchungen ermöglicht. [34]

2.3.3 Einflussfaktoren auf das Fahrzeugverhalten

Im Fokus dieser Arbeit steht die Untersuchung des querdynamischen Fahrzeugverhaltens bei realitätsnahen Fahrmanövern. Durch mechanische und regelungstechnische Restriktionen entspricht das Fahrzeugverhalten auf dem Prüfstand nicht exakt dem Fahrzeugverhalten auf der Straße. In [1] werden die prinzipiellen Einflussfaktoren auf das dynamische Verhalten des Systems Fahrzeug – Prüfstand beschrieben. Diese werden hier zunächst kurz vorgestellt, um dann in Abschnitt 4.1 bis Abschnitt 4.5 näher betrachtet und quantifiziert zu werden. Zur Quantifizierung einiger der Einflussgrößen wird ein Simulationsmodell verwendet, das in Abschnitt 3.2 vorgestellt wird. Andere Einflussgrößen können durch analytische Betrachtung quantifiziert werden.

Mehrere Unterschiede zwischen dem Fahrzeugverhalten auf dem Prüfstand und auf der Straße ergeben sich aus der Fahrzeugeinspannung. Diese Einspannung sorgt wie in Abschnitt 2.3.1 beschrieben dafür, dass das Fahrzeug durch die gesperrten Freiheitsgrade keine Gierbewegung ausführt. Dadurch entstehen an rotierenden Bauteilen wie Rädern keine gyroskopischen Momente, welche die Bewegung des Fahrzeugs beeinflussen können. Weitere Einflüsse aus der Fahrzeugeinspannung entstehen durch die zusätzliche Masse und das Trägheitsmoment des CGR. Diese werden der Masse und dem Trägheitsmoment des Fahrzeugs zugeschlagen und verändern dadurch das Schwingverhalten.

Mit Kenntnis der Trägheitseigenschaften des CGR können Vertikalkräfte sowie Wank- und Nickmomente über die hydraulischen Aktoren auf das CGR aufgebracht werden und damit die oben beschriebenen Effekte teilweise kompensieren. Durch diese Aktoren selbst entstehen jedoch weitere unerwünschte Einflüsse, wenn die Aktoren der CGR-Bewegung nicht perfekt nachgeführt werden können. Dies hat grundsätzlich einen dämpfenden Effekt auf die Fahrzeugbewegungen.

Ein weiterer grundlegender systemischer Einfluss der Fahrzeugfesselung entsteht dadurch, dass das Fahrzeug in Schwerpunkthöhe eingespannt ist und daher reale Wankbewegungen exakt um den Schwerpunkt ausführt. Im Gegensatz dazu existiert bei der Fahrt auf der Straße eine systemdynamische Kopplung zwischen der Wank- und Querbewegung. Dies gilt analog für die Nickbewegung, die im Rahmen dieser Arbeit jedoch nicht weiter betrachtet wird. Zudem ist die Fahrzeugeinspannung nicht ideal steif. Über die Räder in das Fahrzeug eingeleitete Querkräfte und Giermomente können daher – entgegen der zuvor getroffenen idealisierten Aussage – doch zu geringen Bewegungen des Fahrzeugs führen. Dadurch werden Teile der eingebrachten Kräfte nicht unmittelbar in den bidirektionalen Kraftmessdosen der CGR-Einspannung (vgl. Abschnitt 2.3.1) gemessen und dementsprechend nicht in den „Road Load"-Bewegungsgleichungen berücksichtigt. Außerdem entsteht ein schwingungsfähiges System aus Fahrzeug und Einspannung.

Ein weiterer Einflussfaktor auf das Fahrzeugverhalten ist der Reifen-Fahrbahn-Kontakt. Die Reifencharakteristik hat erheblichen Einfluss auf das Verhalten des Gesamtfahrzeugs. Durch unterschiedliche Fahrbahnoberflächen hervorgerufene Unterschiede in der Schräglaufsteifigkeit können daher das auf dem Prüfstand gemessene Fahrzeugverhalten signifikant verändern.

Totzeiten und verzögerungsbehaftete Übertragungsverhalten im Regelkreis (vgl. Abschnitt 2.3.1) können ebenfalls nennenswerte Auswirkungen auf das dynamische Fahrzeugverhalten haben. Bereits frühere Untersuchungen zeigen eine hohe Sensitivität des querdynamischen Fahrzeugverhaltens auf Totzeiten [13, 90]. Insbesondere in den hydraulischen Lenkaktoren der Flachbandeinheiten können sowohl durch die Signaldatenverarbeitung als auch durch Reibungs- und Trägheitseffekte Totzeiten und ein verzögerungsbehaftetes dynamisches Verhalten auftreten.

In [1] wird ein modulares Regelungskonzept entwickelt, mit dem die systemdynamischen Unterschiede kompensiert werden können. In umfangreichen Simulationen wird dort die Funktion des Konzeptes nachgewiesen. Dieses Konzept basiert auf einer Trajektorienfolgeregelung. Da hierfür sowohl für das Fahrzeug als auch für den Prüfstand sehr detaillierte und valide parametrierte Modelle vorliegen müssen und zusätzliche Messtechnik benötigt wird, steht die Umsetzung am realen Prüfstand nicht im Fokus dieser Arbeit. Stattdessen sollen Kompensationsmethoden für spezifische Prüfstandseinflussfaktoren entwickelt werden, die Modelle mit problemangepasster Komplexität verwenden. In Abgrenzung zu [1] steht hierbei als Ziel die praxisnahe Anwendbarkeit im Fokus. Hierfür wird der betrachtete Bereich der Fahrzeugdynamik auf das querdynamische Fahrzeugverhalten im Frequenzbereich bis 3 Hz begrenzt.

3 Messmethoden und Simulation

Im Rahmen der Arbeit werden Messungen zum querdynamischen Fahrzeugverhalten sowohl auf der Straße als auch auf dem HRW durchgeführt. Die Messmethode orientiert sich dabei an der in Abschnitt 2.2 vorgestellten Messprozedur zur Ermittlung des querdynamischen Übertragungsverhaltens in Anlehnung an ISO 7401. Außerdem werden sowohl zur Abschätzung der Einflüsse auf das Fahrzeugverhalten als auch zur Entwicklung und Validierung der in Kapitel 5 vorgestellten Kompensationsmöglichkeiten Simulationen des Fahrzeug- und Prüfstandsverhaltens durchgeführt. Das hierfür verwendete Simulationsmodell wird in Abschnitt 3.2 vorgestellt.

3.1 Fahrzeugmessungen

Zur Durchführung und Auswertung der Fahrdynamikmessungen ist es nötig, das Fahrzeug mit Messtechnik auszurüsten. Die verwendete Messtechnik unterscheidet sich dabei zwischen den Straßen- und Prüfstandsmessungen. Im Folgenden werden die jeweils durchgeführten Anpassungen der Messtechnik und die durchgeführten Messverfahren beschrieben.

3.1.1 Straßenmessung

Das für diese Untersuchungen zur Verfügung stehende Fahrzeug ist eine sportlich positionierte Kombilimousine der oberen Mittelklasse. Soweit möglich, werden zur Messdatenerfassung fahrzeugeigene Sensoren verwendet. Für einige Messwerte ist jedoch zusätzliche Messtechnik nötig, die im Folgenden vorgestellt wird.

Zur Aufnahme der Eingangsgröße „Lenkwinkel" wird der fahrzeugeigene Lenkwinkelsensor verwendet. Mit einer Auflösung von 0,1° und einer Abtastrate von 100 Hz bietet er eine ausreichende Datenqualität zur Auswertung der Lenkeingaben. Ein Abgleich mit den Lenkwinkelmesswerten des Lenkroboters auf dem HRW zeigt eine gute Übereinstimmung zwischen fahrzeugeigenem Sensor und Lenkroboter. Durch Verwendung der fahrzeugeigenen

Sensoren kann eine aufwändige mechanische Adaption eines Messlenkrades vermieden werden. Zudem bleiben während der Messfahrt sämtliche aktiven und passiven Sicherheitssysteme des Messfahrzeugs aktiv. Die Erfassung der fahrzeugeigenen Messgrößen erfolgt mit einem Messrechner „MicroAuto-Box".

Die Erfassung der Längsgeschwindigkeit mit fahrzeugeigenen Sensoren ist systembedingt fehlerbehaftet. Die Geschwindigkeit wird aus Raddrehzahlen und dem dynamischen Radhalbmesser ermittelt. Einflüsse aus Radschlupf und Veränderungen des dynamischen Radhalbmessers können die ermittelten Werte verfälschen. Zudem ist es mit üblicher fahrzeugeigener Messtechnik nicht möglich, die Quergeschwindigkeit bzw. den Schwimmwinkel zu bestimmen. Die Längs- und Quergeschwindigkeit des Fahrzeugs relativ zur Fahrbahn wird daher mit einem optischen Sensor, Typ Correvit S350, gemessen, der aus diesen Messgrößen zusätzlich den Schwimmwinkel berechnet.

Translatorische Beschleunigungen und rotatorische Geschwindigkeiten des Fahrzeugaufbaus werden mit einem Trägheitsmesssystem (Inertial Measuring Unit, IMU) gemessen. Das Messprinzip dieses Sensors basiert auf Beschleunigungsaufnehmern und fiberoptischen Gyroskopen. Prinzipbedingt können bei diesen Messwerten Drifts auftreten, wodurch sie insbesondere im höherfrequenten Bereich verwendbar sind. Zur Kompensation der Drifts erfolgt eine Messwertstützung anhand von GPS-Signalen und externen Geschwindigkeitssignalen [88], die in diesem Fall mit dem oben beschriebenen optischen Sensor gemessen werden. Da es nicht möglich ist, die Messtechnik im Fahrzeugschwerpunkt anzubringen, werden die Bewegungsgrößen der IMU ebenso wie die Messwerte des optischen Geschwindigkeitssensors auf den Fahrzeugschwerpunkt umgerechnet.

Zur Kompensation der Fahrzeugquerneigung ist zusätzlich zum Wankwinkel relativ zum Inertialsystem Kenntnis über den relativen Wankwinkel des Fahrzeugs zur Straße nötig. Diese wird aus den Fahrwerkshöhensensoren des Fahrzeugs gewonnen. Die Zeit- und Wertdiskretisierung dieser Messwerte ist vergleichsweise grob. Da querdynamisch relevante Änderungen der Fahrbahnquerneigung jedoch bei Frequenzen von weniger als 0,2 Hz auftreten, wird dies als ausreichend angesehen.

Die Messungen zur Bestimmung der Fahrzeugdynamik werden in Anlehnung an [45] auf öffentlichen Straßen durchgeführt. Durch Auswahl geeigneter Straßenabschnitte können auf Abschnitten annähernd konstanter Krümmung Messungen zum stationären Fahrzeugverhalten im linearen Bereich durchgeführt werden. Nachteilig wirkt sich hier die Straßenquerneigung aus. Deren Einfluss kann durch Vergleich des Wankwinkels relativ zur Straße und des Wankwinkels im Inertialsystem kompensiert werden. Zur Erzeugung höherfrequenter Anregungen wird das Fahrzeug mit sinusförmigen und stochastischen Lenkwinkeleingaben angeregt. 96,6 % der Lenkwinkelpeaks sind kleiner als $22,5°$, was einer stationären Querbeschleunigung von $a_{y,\text{stat}} = 4\,\frac{m}{s^2}$ entspricht.

Aufgrund der Messbedingungen auf öffentlichen Straßen kann die Lenkradanregung insbesondere mit höheren Amplituden nicht durchgehend aufgebracht werden. Die Zeitschriebe der Messdaten werden daher in Abschnitte gültiger Bedingungen bezüglich Fahrgeschwindigkeit und Lenkanregung eingeteilt und ausgewertet.

3.1.2 Fahrdynamikmessungen auf dem Prüfstand

Zur Durchführung von Fahrmanövern auf dem HRW sind gewisse zusätzliche Modifikationen am Fahrzeug erforderlich. Hardwareseitig ist dies zunächst die Installation und Einrichtung des in Abbildung 3.1 gezeigten Fahrroboters sowie Sicherstellen einer ausreichend festen Verbindung zwischen CGR und Fahrzeug (vgl. Abschnitt 2.3.1).

Fahrzeugfest verbaute Sensoren messen auf dem HRW aufgrund der gesperrten Freiheitsgrade keine Längs- und Querbeschleunigung sowie Gierrate. Dies wird von den Fahrdynamikregelsystemen als unplausibel erkannt, wodurch abhängig vom Fahrzeugtyp nicht nur die Fahrdynamikregelsysteme, sondern auch weitere aktive Systeme wie z.b. die Fahrwerkshöhenregelung und aktive Wankstabilisatoren deaktiviert werden. Dies kann zu deutlichen Abweichungen im Fahrverhalten im Vergleich zum realen Verhalten auf der Straße führen.

Abbildung 3.1: Im Messfahrzeug installierter Fahr- und Lenkroboter

Daher werden für diese Versuche die Bewegungsgrößen des virtuellen Fahrzeugs (vgl. Abschnitt 2.3.1) in die Fahrzeugsteuergeräte eingespeist. Realisiert wird dies durch eine Sensoremulation, die das Verhalten der im Fahrzeug verbauten Beschleunigungs- und Gierratensensoren nachbildet. Gespeist wird die Sensoremulation aus den Fahrzeugzustandsgrößen des Prüfstandsreglers, was aufgrund der offenen Softwarearchitektur [3] möglich ist. Die Ausgangssignale der Sensoremulation werden direkt statt der realen Sensorsignale ins Steuergerät eingespeist, das hierfür mechanisch angepasst und mit entsprechenden elektrischen Schnittstellen ausgestattet wurde.

Aufgrund von Restriktionen des Lenkroboters erfolgt die Eingabe des Lenkwinkels nicht als Gleitsinus, sondern wie in Abschnitt 3.2.4 beschrieben als stochastische Lenkwinkeleingabe in Anlehnung an ISO 7401 [20]. Dort wird eine Messdauer von mindestens 12 Minuten empfohlen, um einen ausreichenden Anteil hochfrequenter Anregungen sicherzustellen. Da das Signal der Lenkwinkelanregung auf dem Prüfstand synthetisch erzeugt wird, kann sichergestellt werden, dass alle relevanten Frequenzen in ausreichendem Maße angeregt werden. Die Messzeit wird daher auf 408 s verkürzt. Die auftretenden Lenkwinkelamplituden entsprechen auf dem HRW einer stationären Querbeschleunigung von ca. 4 m/s² und liegen damit am oberen Ende der in der Norm empfohlenen Werte. Da hierdurch der Einfluss nichtlinearer Effekte des Prüfstands, insbesondere der Bandlenkaktoren verringert wird, wird dies als praktikabler Kompromiss bewertet. Zudem unterscheidet sich die gewählte Testgeschwindigkeit von 150 km/h von der in der Norm empfohlenen Geschwindigkeit von 80 km/h.

3.2 Simulationsmodell

Die Auswirkungen der prüfstandsspezifischen Einflussfaktoren werden unter anderem simulativ ermittelt. Außerdem werden die zu entwickelnden Kompensationsmethoden simulativ validiert. Hierfür wird ein Fahrzeug- und Prüfstandsmodell benötigt, das die zu untersuchenden Effekte abbilden kann.

Zur Simulation des Fahrzeugverhaltens stehen mehrere Modellierungsansätze verschiedener Detaillierungsgrade zur Auswahl, die von stark vereinfachten Einspurmodellen bis zu komplexen Mehrkörpersystemen reichen. Speziell zur Untersuchung komplexer Zusammenhänge und Kopplungseffekte auf dem HRW wurde am Institut ein Special-Purpose-Modell entwickelt, dessen Funktionsumfang und Detaillierungsgrad dem kommerzieller Modelle wie IPG CarMaker oder VI-CarRealTime ähnelt, aber zusätzlich die Kopplung mit einem Prüfstandsmodell erlaubt [2]. Die Systemstruktur dieses Modells erlaubt es jedoch nicht, alle Einflüsse der systemdynamischen Unterschiede zwischen Straße und Prüfstand selektiv zu untersuchen, wie es für die hier durchgeführten Untersuchungen gewünscht ist. Zum Einsatz kommt daher ein erweitertes Einspurmodell. Dieses basiert auf dem in [45] entwickelten Modell, das zusätzlich um eine Hinterachslenkung erweitert sowie an die Simulation auf dem Fahrzeugdynamikprüfstand angepasst wird.

3.2.1 Zugrundeliegendes Fahrzeugmodell

Das in dieser Arbeit verwendete Fahrzeugmodell basiert in seinen Grundsätzen auf dem bekannten Einspurmodell von Riekert und Schunck [74]. Dieses kann grundlegende Fahreigenschaften im linearen Bereich nachbilden, vernachlässigt aber mehrere im realen Fahrzeug auftretenden Effekte. Insbesondere sind dies Wankbewegungen und deren Kopplung mit der Gierbewegung sowie Effekte des dynamischen Reifen- und Achsverhaltens. Diese Effekte werden wie folgend beschrieben in [45] berücksichtigt.

Zur Berücksichtigung der Fahrzeugwankbewegung wird der als Punktmasse m angenommene Fahrzeugschwerpunkt um die Schwerpunkthöhe h über die Fahrbahn angehoben, in deren Ebene das klassische Einspurmodell liegt, wie in Abbildung 3.2 dargestellt ist. Das Fahrzeug erhält einen rotatorischen Freiheitsgrad um die Wankachse, die durch die Wankzentren der Vorder- und Hinterachse in den Höhen $h_{rc,F}$ bzw. $h_{rc,R}$ definiert ist.

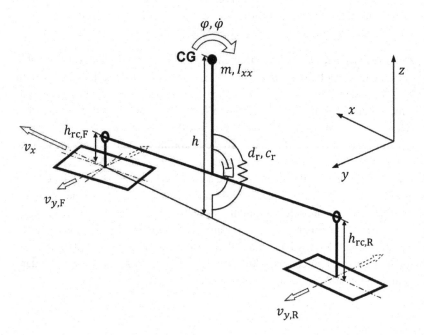

Abbildung 3.2: Modellierungsansatz für die Wankbewegung des Fahrzeugaufbaus nach [45]

Durch den Abstand des Schwerpunkts von der Wankachse entsteht bei Kurvenfahrt durch die im Schwerpunkt angreifenden Fliehkräfte ein Wankmoment, das zu einer Wankbeschleunigung $\ddot{\varphi}$ und damit zu einer Wankgeschwindigkeit $\dot{\varphi}$ und einem Wankwinkel φ führt. Der Wankbewegung entgegengerichtet sind die Wanksteifigkeit c_r und Wankdämpfung d_r. Diese werden proportional zu Wankwinkel bzw. Wankgeschwindigkeit modelliert und bilden die effektive Wanksteifigkeit und -dämpfung des Fahrwerks nach. Mit den an Vorder- und Hinterachse wirkenden Seitenkräften $F_{y,F}$ bzw. $F_{y,R}$ sowie dem Wankträgheitsmoment I_{xx} lässt sich damit eine Differentialgleichung für den Wankfreiheitsgrad aufstellen:

$$\ddot{\varphi} = \frac{-d_r \cdot \dot{\varphi} - c_r \cdot \varphi + \left(h - h_{rc,F}\right) \cdot F_{y,F} + \left(h - h_{rc,R}\right) \cdot F_{y,R}}{I_{xx}} \qquad \text{Gl. 3.1}$$

Das in [45] in dieser Gleichung zusätzlich eingeführte aerodynamische Wankmoment bleibt hier unberücksichtigt, da aerodynamische Wankeinflüsse im Rahmen dieser Arbeit nicht betrachtet werden.

Durch die Wankbewegung entstehen auch Querbewegungen der Räder relativ zum Schwerpunkt, die wirksame Schräglaufwinkel der Reifen relativ zur Fahrbahn induzieren. Durch den Vertikalabstand $(h - h_{rc,i})$ zwischen Schwerpunkt und den Wankzentrumshöhen an Vorder- und Hinterachse lassen sich diese unter Annahme kleiner Winkel linearisiert in Abhängigkeit der Fahrzeuggeschwindigkeit v berechnen:

$$\alpha_{r,i} = \left(h - h_{rc,i}\right) \cdot \frac{\dot{\varphi}}{v} \qquad \text{Gl. 3.2}$$

Vereinfachend werden Einflüsse der Wankachsenneigung auf die Radstellung und -bewegung nicht modelliert. Dies erlaubt weiterhin ein valides Modellverhalten bis 3 Hz [45].

Einflüsse des Wankwinkels auf die Radstellung, das sogenannte Rollsteuern, können erhebliche Einflüsse auf das Fahrverhalten haben und werden daher modelliert. Bei einem Wankwinkel entsteht an den Rädern der Rollsteuerwin-

kel δ_{rs}, der den Radlenkwinkeln überlagert wird. Zur Bestimmung des Roll-
steuerwinkels in Abhängigkeit des Fahrzeugwankwinkels werden die Rollsteuerkoeffizienten $R_{rs,F}$ und $R_{rs,R}$ eingeführt. Sie sind definiert als:

$$R_{rs,i} = \frac{\partial \delta_{rs,i}}{\partial \varphi} \qquad \text{Gl. 3.3}$$

Mit dem daraus ermittelbaren Rollsteuerwinkel können die bekannten Gleichungen zur Berechnung der Schräglaufwinkel α an der Vorder- und Hinterachse angepasst werden:

$$\alpha_{kin,F} = -\beta + \frac{\delta_{SW}}{R} - l_F \cdot \frac{\dot{\psi}}{v} - \left(h - h_{rc,F} \right) \cdot \frac{\dot{\varphi}}{v} + R_{rs,F} \cdot \varphi \qquad \text{Gl. 3.4}$$

$$\alpha_{kin,R} = -\beta + l_R \cdot \frac{\dot{\psi}}{v} - \left(h - h_{rc,R} \right) \cdot \frac{\dot{\varphi}}{v} + R_{rs,R} \cdot \varphi \qquad \text{Gl. 3.5}$$

Hierbei bezeichnet β den Fahrzeugschwimmwinkel im Schwerpunkt, δ_{SW} den
Lenkradwinkel und R die Lenkübersetzung. Der Index „kin" drückt aus, dass
in dieser Gleichung zwar kinematische Schräglaufwinkeländerungen berücksichtigt sind, nicht aber elastokinematische. Deren Einfluss wird zusammen
mit dem instationären Reifenverhalten dynamisch modelliert. Um instationäre
Effekte, insbesondere den verzögerten Kraftaufbau bei einer Schräglaufwinkeländerung, zu berücksichtigen, kann der dynamische Seitenkraftaufbau
durch Einführung der Einlauflänge σ_α modelliert werden. Ursprünglich wurde
diese zur reinen Beschreibung des reinen Reifenverhaltens eingeführt [11, 79].
Im hier verwendeten Modell wird der in [42] und [67] vorgeschlagene Ansatz
verwendet, mit dem Parameter der Einlauflänge die Dynamik der gesamten
Achse abzubilden. Dies beinhaltet das instationäre Verhalten elastokinemati-
scher Größen. [45]

Mit der Schräglaufsteifigkeit C_α kann zur Modellierung des zeitlichen Aufbaus der Seitenkraft F_y die Differentialgleichung Gl. 3.6 aufgestellt werden:

$$\dot{F}_y = \frac{v}{\sigma_\alpha} \cdot (\alpha \cdot C_\alpha - F_y)$$

Gl. 3.6

Dies entspricht einem Verzögerungsglied erster Ordnung. Da die Einlauflänge die Einheit Meter hat, ergibt die Division der Geschwindigkeit durch die Einlauflänge effektiv eine geschwindigkeitsabhängige Zeitkonstante.

In diesem Modellierungsansatz wird das Verhalten des elastokinematischen Subsystems durch die Einlauflänge modelliert. Die Achs-Schräglaufwinkel des erweiterten Einspurmodells entsprechen den kinematischen Schräglaufwinkeln in Gl. 3.4 und Gl. 3.5. Kombiniert mit der in Gl. 3.6 definierten Reifen- und Achsdynamik ergeben sich die Gleichungen zur Berechnung der dynamischen Achs-Seitenkräfte zu:

$$\dot{F}_{y,\mathrm{F}} = -\frac{v}{\sigma_{\alpha,\mathrm{F}}} \cdot \left(F_{y,\mathrm{F}} + C_{\alpha,\mathrm{F}} \cdot \right.$$

$$\left. \left(\beta - \frac{\delta_{\mathrm{SW}}}{R} + l_{\mathrm{F}} \cdot \frac{\dot{\psi}}{v} + \left(h - h_{\mathrm{rc,F}} \right) \cdot \frac{\dot{\varphi}}{v} - R_{\mathrm{rs,F}} \cdot \varphi \right) \right)$$

Gl. 3.7

$$\dot{F}_{y,\mathrm{R}} = -\frac{v}{\sigma_{\alpha,\mathrm{R}}} \cdot \left(F_{y,\mathrm{R}} + C_{\alpha,F} \cdot \right.$$

$$\left. \left(\beta - l_{\mathrm{R}} \cdot \frac{\dot{\psi}}{v} + \left(h - h_{rc,\mathrm{R}} \right) \cdot \frac{\dot{\varphi}}{v} - R_{rs,\mathrm{R}} \cdot \varphi \right) \right)$$

Gl. 3.8

Die Bewegungsgleichungen der Bewegung des Fahrzeugs in der x-y-Ebene, d. h. in den Freiheitsgraden Gieren und Schwimmen, verändern sich nicht gegenüber dem klassischen Einspurmodell. Sie lauten mit dem Gierträgheitsmoment I_{zz} für die Gierbeschleunigung:

$$\ddot{\psi} = \frac{l_F \cdot F_{y,F} - l_R \cdot F_{y,R}}{I_{zz}} \qquad \text{Gl. 3.9}$$

und mit der Fahrzeugmasse m für die Schwimmwinkelgeschwindigkeit:

$$\dot{\beta} = \frac{F_{y,F} + F_{y,R}}{m \cdot v} - \dot{\psi} \qquad \text{Gl. 3.10}$$

3.2.2 Spezifische Anpassungen des Fahrzeugmodells

Für die in dieser Arbeit durchgeführten Untersuchungen wird das in Abschnitt 3.2.1 beschriebene Fahrzeugmodell zusätzlich um eine Hinterachslenkung erweitert, da das verwendete Fahrzeug über eine Hinterachslenkung verfügt. Zur Modellierung der Hinterachslenkung wird basierend auf Messungen in diesem Modell angenommen, dass die Hinterachslenkübersetzung R_R ausschließlich von der Fahrgeschwindigkeit abhängig ist. Bei konstanter Fahrgeschwindigkeit ergibt sich damit analog zu Gl. 3.7 für den Seitenkraftaufbau an der Hinterachse die Gleichung:

$$\dot{F}_{y,R} = -\frac{v}{\sigma_{\alpha,R}} \cdot \left(F_{y,R} + C_{\alpha,R} \cdot \right.$$

$$\left. \left(\beta - \frac{\delta_{SW}}{R_R} - l_R \cdot \frac{\dot{\psi}}{v} + \left(h - h_{rc,R} \right) \cdot \frac{\dot{\varphi}}{v} - R_{rs,R} \cdot \varphi \right) \right) \qquad \text{Gl. 3.11}$$

Zur Simulation des Fahrzeugs auf dem Prüfstand wird das Fahrzeugmodell so angepasst, dass die auf dem Prüfstand gefesselten Freiheitsgrade, in diesem Fall also Gierrate und Schwimmwinkel, auch im Modell gefesselt werden können. Um die Prüfstands-Fahrzeug-Interaktion abbilden zu können, wird das Fahrzeugmodell um weitere Eingänge für die Bandlenkwinkel ζ_i sowie um

Ausgänge für die Fesselungskraft in Querrichtung F_y und das Fesselungsmoment um die Hochachse M_z erweitert. Unter Berücksichtigung der gefesselten Freiheitsgrade und Bandlenkwinkel lauten die Differentialgleichungen der Reifenkräfte nun:

$$\dot{F}_{y,i} = -\frac{v}{\sigma_{\alpha,i}} \cdot \left(F_{y,i} + C_{\alpha,i} \cdot \right.$$
$$\left. \left(\frac{\delta_{SW}}{R_i} + (h - h_{rc,R}) \cdot \frac{\dot{\varphi}}{v} - R_{rs,R} \cdot \varphi - \zeta_i\right)\right)$$

Gl. 3.12

Die Bewegungsgleichung des Wankfreiheitsgrades (Gl. 3.1) bleibt bestehen, die Bewegungsgleichungen für Schwimmwinkel und Gierrate existieren beim gefesselten Fahrzeug nicht mehr. Sie werden im modellierten Prüfstandsregler abgebildet.

Die Fesselungskräfte und -momente ergeben sich in diesem Modell direkt aus den Reifenkräften und den Achsabständen l_F und l_R zum Schwerpunkt:

$$F_y = F_{y,F} + F_{y,R}$$

Gl. 3.13

$$M_z = l_F \cdot F_{y,F} - l_R \cdot F_{y,R}$$

Gl. 3.14

Zur Durchführung von Zeitbereichssimulationen werden das Fahrzeug- und das Prüfstandsmodell in MATLAB/Simulink modelliert. Der Modellverbund aus Fahrzeug- und Prüfstandsmodell ist in Abbildung 3.3 dargestellt. Die Eingangsgröße Lenkradwinkel δ_{SW} geht direkt in die Berechnung der Schräglaufwinkel gemäß Gl. 3.7 und Gl. 3.11 ein. Da in diesem Anwendungsfall ausschließlich die Querdynamik betrachtet wird, kann die Fahrzeuglängsgeschwindigkeit v_x, die sowohl vom Prüfstands- als auch vom Fahrzeugmodell verwendet wird, als zusätzliche Eingangsgröße ins Modell eingebracht werden.

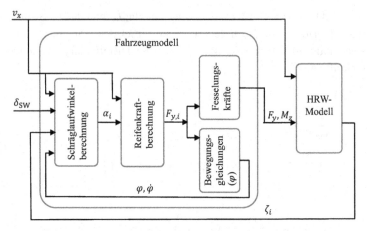

Abbildung 3.3:   Modellanpassung des erweiterten Einspurmodells zur Simulation von Prüfstandsmessungen

Diese Simulationsumgebung erlaubt es, verschiedene Prüfstandseinflüsse zu
modellieren und dem Modell hinzuzufügen. Zudem lassen sich die im Rahmen
dieser Arbeit entwickelten Kompensationsmethoden effizient implementieren
und evaluieren.

3.2.3   Modellierung des Prüfstands

Das in Abschnitt 3.2.2 beschriebene Fahrzeugmodell wird mit einem vereinfachten Modell des Prüfstands gekoppelt. Dessen grundsätzlicher Aufbau ist
analog zu Abbildung 3.3 in Abbildung 3.4 dargestellt. Im Block „Bewegungsgleichungen" werden anhand der Gleichungen Gl. 3.9 und Gl. 3.10 die Fahr-
zeugzustände in der x-y-Ebene berechnet. Aus diesen Zuständen werden im
Block „Coherent Road" die Bandlenkwinkel ζ_i des Prüfstands berechnet.
Diese entsprechen den Schwimmwinkeln des Fahrzeugs an der Vorder- und
Hinterachse. Daraus ergibt sich, dass sich die Laufbänder des Prüfstands wie
eine „zusammenhängende Straße" unter dem Fahrzeug bewegen.

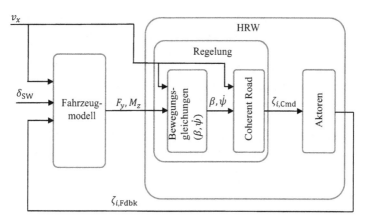

Abbildung 3.4: Skizzierter Aufbau des Prüfstands-Modells

Um die Auswirkungen der in Abschnitt 2.3.3 beschriebenen Prüfstandseinflüsse zu untersuchen, werden diese ebenfalls im Modell abgebildet. Ein wesentlicher modellierter Faktor ist das Verhalten der Hydraulikaktoren. Zum
besseren Verständnis der hydraulischen Systeme werden am Institut Messungen zur Bestimmung der inneren Reibung der Bandlenkaktoren durchgeführt
[53]. Darauf basierend wird ein stark vereinfachtes Modell erstellt, um den
Einfluss des Aktorverhaltens im realen System nachvollziehen zu können.
Dieses Modell wird nicht validiert, zeigt aber im hier auftretenden Betriebsbereich eine ausreichende Übereinstimmung mit der Realität, um eine qualitative
Erstabschätzung des Systemverhaltens durchführen zu können [46]. Das Modell beinhaltet neben dem Servoregler zur Ansteuerung der Hydraulikventile
die Hydraulikventile selbst und die Hydraulikzylinder.

Der Servoregler ist entsprechend der Umsetzung am realen HRW als PID-
Regler mit Vorsteuerung und Störgrößenaufschaltung aufgebaut. Die Störgrö-
ßenaufschaltung reagiert hierbei auf gemessene Druckschwankungen in der
Ölsäule des hydraulischen Systems. Da nur der Einfluss hochfrequenter
Schwingungen als unerwünschte Störgröße wirkt, wird das Signal mit dem
Hochpassfilter HP gefiltert. Die hier verwendeten mechanischen Parameter
sowie die Filter und die Reglerparameter entsprechen den realen Werten des
HRW.

Die Modellierung der hydraulischen Servoventile beinhaltet das dynamische
Öffnungsverhalten der Ventile. Die Hydraulikzylinder der Aktoren selbst sind

als linearelastische Kammern modelliert. Dadurch lassen sich auch realistische hochfrequente Eigenfrequenzen der Aktoren beobachten. Ebenso wird die druckabhängige Leckage zwischen Kolben und Zylinder berücksichtigt. Aus bekannten physikalischen Daten wie Kolbenfläche und Trägheitsmoment der Bandeinheiten werden Drehbeschleunigung, Drehgeschwindigkeit und Lenkwinkel der Bandlenkaktoren berechnet. Die in den Aktoren auftretende Reibung wird als Kombination aus konstanter Haftreibung und kennfeldbasierter geschwindigkeitsabhängiger Gleitreibung modelliert. Insbesondere der nichtlineare Einfluss von Stick-Slip-Effekten lässt sich dadurch abbilden.

3.2.4 Fahrmanöver

Zur Beurteilung des Fahrzeugverhaltens auf dem Prüfstand im Vergleich zum Verhalten auf der Straße werden Zeitbereichssimulationen durchgeführt. Da als primäres Auswertekriterium das Gierübertragungsverhalten bei einer konstanten Geschwindigkeit von $v_F = 150 \, \frac{km}{h}$ betrachtet wird, umfasst das Fahrmanöver eine reine Lenkanregung. Um eine Vergleichbarkeit mit dem realen Prüfstand zu ermöglichen und die teilweise nichtlinear modellierten Effekte des Prüfstands realitätsnah anzuregen, ist der Lenkradwinkelverlauf in der Simulation derselbe, der auch bei den Realmessungen auf dem Prüfstand (siehe Abschnitt 3.1.2) verwendet wird. Dieser ist gekennzeichnet durch eine stochastische Lenkwinkelanregung, deren Spektrum in Abbildung 3.5 dargestellt ist.

Die Amplituden der Lenkradwinkelanregung sind hierbei bei der Prüfstandsmessung durch die Leistungsfähigkeit des verwendeten Lenkroboters begrenzt. Bis 1,5 Hz ist die Anregungsamplitude annähernd konstant, zwischen 1,5 Hz und 5 Hz fällt sie umgekehrt proportional zur Anregungsfrequenz ab. Oberhalb von 5 Hz findet keine Anregung statt. 98,8 % der Lenkwinkelpeaks sind kleiner als 22,5°, was einer stationären Querbeschleunigung von $a_{y,stat} = 4 \, \frac{m}{s^2}$ entspricht. Die lineare Modellierung des Reifenverhaltens kann also als gültig angenommen werden.

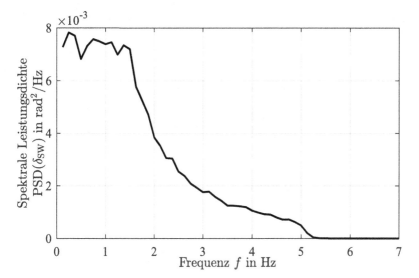

Abbildung 3.5:   Frequenzspektrum der Lenkwinkelanregung

4 Untersuchung der prüfstandsspezifischen Einflüsse

In diesem Kapitel werden die in Abschnitt 2.3.3 vorgestellten Einflussfaktoren auf das Fahrzeugverhalten näher betrachtet und ihre Auswirkungen abgeschätzt. Bei den Untersuchungen wird unter anderem das in Abschnitt 3.2 vorgestellte Modell verwendet. Die Untersuchung der Auswirkungen einiger Einflussfaktoren erfolgt rein analytisch. Basierend auf diesen Ergebnissen kann entschieden werden, welche Einflüsse das größte Potential für die Entwicklung neuer Kompensationsmethoden bieten.

4.1 Gyroskopische Effekte

Wird ein trägheitsbehafteter, rotierender Körper um eine Achse gedreht, die nicht parallel zu Rotationsachse ist, entstehen Kreiselmomente [56, 92]. Im Fall eines Fahrzeugs bei Kurvenfahrt betrifft dies insbesondere die drehenden Räder, an denen durch die Fahrzeuggierrate Kreiselmomente entstehen. Deren Einfluss auf die Fahrdynamik wird in diesem Kapitel abgeschätzt. Dabei werden vereinfachend der Radsturz und etwaig auftretende Sturzänderungen vernachlässigt. Die Rotationsachse der Räder ist also stets parallel zur Fahrbahn. Das dabei auftretende Kreiselmoment $M_{K,x}$ wirkt orthogonal zu beiden Drehachsen, d.h. um die Fahrzeuglängsachse. Die allgemeinen Eulerschen Kreiselgleichungen [92] vereinfachen sich dann nach [18] zu:

$$M_{K,x} = I_{yy,\text{wheel}} \cdot \omega_{y,\text{wheel}} \cdot \omega_{z,\text{wheel}} \qquad \text{Gl. 4.1}$$

Hier bezeichnen $I_{yy,\text{wheel}}$ das Massenträgheitsmoment des Rades um seine Rotationsachse, $\omega_{y,\text{wheel}}$ die Drehschwindigkeit des Rades um seine Rotationsachse und $\omega_{z,\text{wheel}}$ die Drehgeschwindigkeit des Rades um die Hochachse. Unter Vernachlässigung von Lenkbewegungen entspricht dies der Gierrate des Fahrzeugs, es gilt $\omega_{z,\text{wheel}} = \dot{\psi}_V$.

© Der/die Autor(en), exklusiv lizenziert an
Springer Fachmedien Wiesbaden GmbH, ein Teil von Springer Nature 2024
D. Zeitvogel, *Methodik für die Querdynamik-Evaluation auf einem
Fahrzeugdynamikprüfstand*, Wissenschaftliche Reihe Fahrzeugtechnik
Universität Stuttgart, https://doi.org/10.1007/978-3-658-44095-4_4

Zur quantitativen Abschätzung des auftretenden Kreiselmoments wird eine konstante Kreisfahrt mit einer Fahrgeschwindigkeit von 150 km/h und einer Querbeschleunigung von 4 m/s² untersucht. Als Trägheitsmoment des Rades um die y-Achse wird ein Wert von $I_{yy} = 1{,}5$ kg $\cdot$ m² angenommen, für den dynamischen Radhalbmesser $r_{dyn} = 0{,}35$ m.

Die Rotationsgeschwindigkeit des Rades beträgt dann:

$$\omega_{y,\text{wheel}} = \frac{v_V}{r_{dyn}} = 119 \ \frac{\text{rad}}{\text{s}} \qquad \text{Gl. 4.2}$$

Die Drehgeschwindigkeit um die Hochachse beträgt:

$$\omega_{z,\text{wheel}} = \dot{\psi}_V = \frac{a_y}{v_V} = 0{,}096 \ \frac{\text{rad}}{\text{s}} \qquad \text{Gl. 4.3}$$

Aus Gl. 4.2 folgt damit für das Kreiselmoment aller vier Räder:

$$\Sigma M_{K,x} = 4 \cdot I_{yy,\text{wheel}} \cdot \omega_{y,\text{wheel}} \cdot \omega_{z,\text{wheel}} = 68{,}5 \ \text{Nm} \qquad \text{Gl. 4.4}$$

Dieses Kreiselmoment um die x-Achse wird über die Radaufhängung in den Fahrzeugaufbau eingeleitet und kann dadurch eine zusätzliche Wankbewegung hervorrufen.

Analog zum hier berechneten Kreiselmoment, das durch die Fahrzeuggierrate hervorgerufen wird, kann auch ein Kreiselmoment durch Sturzwinkeländerungen erzeugt werden. Eine Sturzwinkeländerung entspricht einer Drehung um die x-Achse, das dadurch erzeugt Kreiselmoment wirkt dementsprechend um die z-Achse. Zur Abschätzung der Größenordnung dieses Moments werden zur Vereinfachung kinematische und elastokinematische Sturzwinkeländerungen vernachlässigt. Dann entspricht die Drehgeschwindigkeit der Rades um die x-Achse der Wankgeschwindigkeit des Fahrzeugaufbaus. Im exemplarischen Fahrmanöver dieser Arbeit (siehe Abschnitt 3.2.4) treten Wankgeschwindigkeiten bis ca. $\dot{\varphi} \approx 0{,}1 \ \frac{\text{rad}}{\text{s}}$ auf. Das durch die Wankrate entstehende gyroskopische Moment um die z-Achse liegt also in einem ähnlichen Bereich wie das durch die Gierrate entstehende gyroskopische Moment um die x-Achse, d.h. bei ca. $\Sigma M_{K,z} \approx 70$ Nm.

Die gyroskopischen Momente sind also wesentlich geringer als die während des Fahrmanövers durch die Reifenkräfte erzeugten Wank- und Giermomente, die in der Größenordnung mehrerer kNm liegen. Der Einfluss gyroskopischer Effekte wird in den folgenden Untersuchungen daher vernachlässigt.

4.2 Reifen-Fahrbahn-Kontakt

Wie in Abschnitt 2.1 erwähnt, ist die Rautiefe der Fahrbahnoberfläche auf Flachbandprüfständen geringer als auf der Straße. Dadurch können auf Flachbandprüfständen gegenüber der Straße Unterschiede in der maximal übertragbaren Reifenkraft und in der Schräglaufsteifigkeit auftreten. Die Schräglaufsteifigkeit hängt außer vom Schermodul des Reifenmaterials zu einem großen Anteil von der Kontaktgeometrie im Reifenlatsch ab [6]. Vor allem im kleinen Schräglaufwinkelbereich hat die Elastizität des Laufflächenmaterials einen großen Einfluss auf die Schräglaufsteifigkeit. Auf Belägen wie Safety Walk oder Sandpapier mit geringer Rautiefe ist die Berührfläche des Reifenlatsches größer als auf realen Fahrbahnoberflächen. Dadurch werden bei gleichem Schräglaufwinkel mehr Gummiteilchen aus ihrer Lage ausgelenkt, wodurch eine größere Seitenkraft erzeugt wird und die Schräglaufsteifigkeit folglich steigt [8]. Als Erfahrungswerte für die Reproduzierbarkeit von Schräglaufsteifigkeitsmessungen werden von Prüfstandsingenieuren Werte zwischen 1 % und 6 % genannt [22]. Ergebnisse verschiedener Messreihen ergeben auf Safety Walk eine im Vergleich zu realen Fahrbahnen erhöhte Schräglaufsteifigkeit von bis zu 10 % [86] bzw. 13 % [8]. Davon abweichend zeigen andere Veröffentlichungen jedoch eine bis zu 25 % höhere Schräglaufsteifigkeit auf der Straße [17].

Um den Einfluss der Achssteifigkeitsänderungen auf das Fahrzeugverhalten in diesem speziellen Fall anschaulich darzustellen, werden Simulationen des gleichen Fahrmanövers auf der Straße und auf dem HRW durchgeführt. Diese Simulationen werden auf einem „idealen" Prüfstand durchgeführt, d.h. andere

Prüfstandseinflüsse wie zusätzliche Dämpfungen und nichtideale Aktorübertragungsverhalten werden für diese Simulation deaktiviert.

Um die oben beschriebenen Unterschiede zwischen Straße und Flachbandoberfläche darzustellen, wird die Achs-Schräglaufsteifigkeit beider Achsen im Simulationsmodell auf der Straße im Vergleich zum HRW verringert. Bei angenommener gleicher Änderung der Schräglaufsteifigkeit an allen Reifen ergeben sich jedoch unterschiedliche Änderungen der Achs-Schräglaufsteifigkeit an Vorder- und Hinterachse. Der Grund hierfür liegt darin, dass sich die Achs-Schräglaufsteifigkeit C_α auf den angenommenen Schräglaufwinkel des Rades bezieht. Dieser wird unter anderem vom Lenkradwinkel bestimmt. Das Lenksystem ist üblicherweise mit einer signifikanten Elastizität behaftet. Wird diese nicht durch ein entsprechendes Lenkungsmodell abgebildet, sind die tatsächlich auftretenden Schräglaufwinkel am Reifen geringer als im Modell angenommen. Selbst bei der Verwendung gleicher Reifen mit identischer Schräglaufsteifigkeit sorgt dies (zusammen mit weiteren kinematischen und elastokinematischen Effekten) dafür, dass bei stabilen Einspurmodellen die Achssteifigkeit an der Vorderachse stets deutlich geringer ist als an der Hinterachse. Wird die Schräglaufsteifigkeit der Reifen an beiden Achsen um einen konstanten Faktor verändert, ändert sich der für eine bestimmte Seitenkraft benötigte Achs-Schräglaufwinkel umgekehrt proportional dazu. Da die elastokinematische Spuränderung davon unbeeinflusst ist, ergibt sich an der Vorderachse eine geringere prozentuale Änderung des Achsschräglaufwinkels, was eine geringere Änderung der Achssteifigkeit zur Folge hat. Um diesen Effekt abzubilden, wird daher in dieser Simulation die Achssteifigkeit der Vorderachse um 8 % verringert, die der Hinterachse um 13 %. Durch diese Änderung wird bewusst ein Unterschied zwischen dem Fahrzeug auf dem HRW und dem Fahrzeug auf der Straße erzeugt, um die in der Realität auftretenden Unterschiede zwischen HRW und Straße nachzubilden. Dadurch sollen die Auswirkungen auf das Gesamtfahrzeugverhalten abgeschätzt und Ansatzpunkte für mögliche Korrekturen im Postprocessing geschaffen werden.

Exemplarische Ergebnisse der Simulation sind in Abbildung 4.1 und Abbildung 4.2 dargestellt. Sie zeigen das Übertragungsverhalten von Lenkradwinkeleingang auf die fahrdynamischen Messgrößen Hinterachsschwimmwinkel bzw. Gierrate.

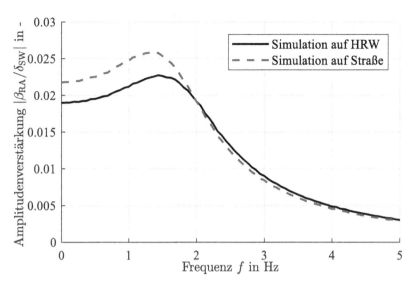

Abbildung 4.1: Übertragungsverhalten von Lenkradwinkel auf Hinterachs-schwimmwinkel bei Straßen- und Prüfstandssimulation mit Achssteifigkeitsänderungen von 8 % an der Vorderachse und 13 % an der Hinterachse

Bei Betrachtung der Übertragungsfunktion der Hinterachsschwimmwinkels in Abbildung 4.1 fällt auf, dass der Schwimmwinkel auf dem HRW im niedrigen Frequenzbereich bis ca. 1.6 Hz um ca. 13 % geringer ist als auf der Straße. Dies stimmt mit den Erwartungen überein, da bei größerer Achssteifigkeit geringere Schräglaufwinkel benötigt werden, um die gleiche Seitenkraft zu erzeugen. Im höheren Frequenzbereich werden die Unterschiede geringer bzw. kehren sich leicht um. Dies ist konsistent mit dem Verhalten der in Abbildung 4.2 gezeigten Gierübertragungsfunktion. Dadurch, dass die Achssteifigkeiten an beiden Achsen erhöht wurden, ergeben sich nur geringe Unterschiede in der stationären Gierverstärkung. Insgesamt wird das querdynamische Fahrzeugsystem steifer, was zu einer Erhöhung der Giereigenfrequenz und einer leichten Verringerung der Gierüberhöhung führt. Im Frequenzbereich oberhalb der Giereigenfrequenz zeigen sich mit den steiferen Reifen höhere Amplituden, was wiederum zu den zuvor angesprochenen höheren Hinterachsschräglaufwinkeln führt.

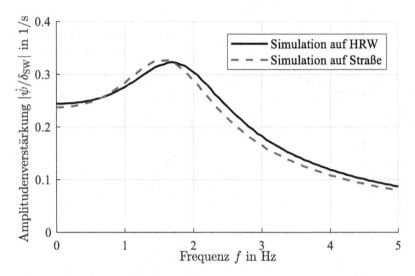

Abbildung 4.2: Übertragungsverhalten von Lenkradwinkel auf Gierrate bei Straßen- und Prüfstandssimulation mit Achssteifigkeitsänderungen von 8 % an der Vorderachse und 13 % an der Hinterachse

Zusammenfassend lässt sich sagen, dass die veränderte Schräglaufsteifigkeit einen nicht zu vernachlässigenden Einfluss auf das dynamische Fahrzeugverhalten hat. Die Möglichkeiten zur Kompensation auf dem Prüfstand sind jedoch begrenzt. Durch Anpassungen des Bandlenkwinkels lässt sich zwar der Schräglaufwinkel am Reifen direkt beeinflussen, die Umsetzung dieser Methode erweist sich jedoch als komplex. Hierfür ist erstens eine erweiterte messtechnische Ausrüstung zur präzisen Erfassung der Spurwinkel am Rad in Echtzeit nötig. Zweitens sind auch valide Parameter nötig, die die Reifenschräglaufsteifigkeit sowohl auf Flachbändern als auch auf realem Straßenbelag bei allen auftretenden Betriebszuständen charakterisieren. Zielführender ist eine Korrektur der Messergebnisse im Post-Processing analog zu den in diesem Abschnitt durchgeführten Abschätzungen. Durch Kenntnis der Unterschiede im Reifenverhalten lassen sich dann aus den Ergebnissen von Prüfstandsmessungen Rückschlüsse auf das Fahrzeugverhalten auf der Straße ziehen [10, 39]. Auch hierfür sind jedoch genaue Reifenparameter nötig, die die Unterschiede im Reifenverhalten charakterisieren. Wie die oben beschriebene Bandbreite an Steifigkeitsänderungen zeigt, kann sich das Reifenverhalten zwischen Flachband und realem Straßenbelag bei verschiedenen Reifen unterschiedlich stark ändern. Daher sind für jedes Fahrzeug bzw. jedes Reifenmodell spezifische Daten nötig, die die individuellen Unterschiede charakterisieren.

4.3 Betriebspunktänderungen

Während des Messbetriebs können sich mit der Zeit diverse Betriebspunkte ändern. Dies betrifft insbesondere Komponenten- und Umgebungstemperaturen, aber auch z. B. Materialverschleiß und Tankfüllstände. Diese Betriebspunktänderungen können großen Einfluss auf das Systemverhalten haben. Insbesondere das Reifenverhalten zeigt eine deutliche Temperaturabhängigkeit, sowohl in Bezug auf übertragbare Kräfte als auch auf den Rollwiderstand [62, 68]. Wie aus Abschnitt 4.2 deutlich wird, kann dies zu deutlichen Änderungen des Fahrverhaltens führen. Die konstante Einhaltung des Betriebspunkts ist ein generelles Problem zur Sicherstellung der Reproduzierbarkeit von Messungen und betrifft nicht spezifisch den HRW. Bei den Fahrzeugmessungen auf dem HRW werden, soweit möglich, Maßnahmen getroffen, um die Betriebspunkte konstant zu halten. Diese beinhalten unter anderem Aufwärmprozesse zur Konditionierung von Prüfstand und Fahrzeug vor Beginn der Messungen sowie eine Überwachung der Temperaturen während den Messungen. Eine detaillierte Betrachtung dieses Themenkomplexes betrifft die Durchführung von Messungen und wird im Rahmen dieser Arbeit nicht näher betrachtet.

4.4 Fahrzeugfesselung

Wie in Abschnitt 2.3.1 beschrieben, ist eine grundsätzliche Charakteristik des HRW die Fesselung des Fahrzeugaufbaus im Schwerpunkt. Dadurch entstehen sowohl systemdynamische Unterschiede als auch real wirkende Kräfte aus mechanischen Einflüssen.

4.4.1   Wankverhalten

Die Fahrzeugfesselung im Schwerpunkt führt bei stationärer Kreisfahrt zur Erzeugung realistischer Wankmomente, da die Seitenkräfte im Schwerpunkt abgestützt werden. Bei instationären Manövern führt diese Art der Fesselung dazu, dass das Fahrzeug Wankbewegungen um den Schwerpunkt ausführt. Dadurch wiederum werden Querbewegungen an den Rädern hervorgerufen, durch die Schräglaufwinkel induziert werden. Die dadurch erzeugten Seitenkräfte wiederum werden in der Bewegungsgleichung für den Quer-Freiheitsgrad berücksichtigt. Grundsätzlich entsteht dadurch eine andere Kopplung der Quer- und Wankbewegung als auf der Straße [3].

Bei der hier getroffenen vereinfachten Modellierung, bei der die gesamte Masse des Fahrwerks dem Aufbau zugeschlagen wird (siehe Abschnitt 3.2.1), existieren diese systemdynamischen Unterschiede nicht. Dies kann unter anderem durch eine detaillierte Betrachtung der jeweiligen Zustandsgleichungen (siehe Anhang A1) nachgewiesen werden. Unter Annahme eines massebehafteten Fahrwerks unterscheiden sich die systemdynamischen Kopplungen zwischen Fahrzeugaufbau und Fahrwerk auf dem HRW im Vergleich zur Straße. Bei einem geringen Masseanteil des Fahrwerks und insbesondere bei hohen Geschwindigkeiten werden die Unterschiede vernachlässigbar [3]. Auf den Einfluss der Wankzentrumshöhe wird hier im Folgenden daher nicht weiter eingegangen.

4.4.2   Zusatzträgheit

Durch den an die Fahrzeugkarosserie geklemmten Träger des Schwerpunktfesselungssystems (CGR) wird das Fahrzeug mit einer zusätzlichen Masse von ca. 220 kg sowie mit zusätzlichen Trägheitsmomenten beaufschlagt. Stationär betrachtet bewirkt die zusätzliche Masse eine erhöhte Radlast und damit im Allgemeinen eine höhere Schräglaufsteifigkeit der Reifen. Durch eine konstante Vertikalkraft, die von den hydraulischen Aktoren ins CGR eingebracht werden, kann dieser Effekt einfach behoben werden. Bezüglich dynamischer Bewegungen erhöhen sowohl die Masse als auch Wank- und Nickträgheitsmomente des CGR die Trägheit des Fahrzeugs. Dies kann das Schwingverhalten des Fahrzeugs verändern. Masse und Nickträgheitsmoment beeinflussen dabei vor allem die Vertikaldynamik.

Im Rahmen dieser Arbeit liegt der Fokus auf dem querdynamischen Fahrzeug-verhalten. Hier wird das dynamische Fahrzeugverhalten vor allem durch das zusätzliche Wankträgheitsmoment beeinflusst. Dieses hat direkten Einfluss auf die Wankbewegungen des Fahrzeugs. Daraus folgend beeinflusst es durch das Rollsteuern auch die Gierrate und den Schwimmwinkel. Zur Quantifizie-rung des Einflusses werden daher das Wank- und Gierverhalten im querdyna-misch relevanten Frequenzbereich betrachtet. Hierbei ist zu beachten, dass das in dieser Arbeit verwendete Messfahrzeug durch sportliche Abstimmung eine hohe Wanksteifigkeit und -dämpfung hat. Daher treten sowohl auf dem Prüf-stand als auch auf der Straße generell geringe Wankbewegungen auf, es ist keine ausgeprägte Wankeigenfrequenz zu erkennen.

In Abbildung 4.3 ist der Amplitudengang des Übertragungsverhaltens von Lenkradwinkel auf Wankwinkel dargestellt. Der einzige Unterschied zwi-schen Straßen- und Prüfstandssimulation ist in dieser Untersuchung das zu-sätzliche Wankmoment von $I_{xx,CGR} = 300 \text{ kg} \cdot \text{m}^2$. Im Frequenzbereich zwi-schen 0,5 Hz und 2 Hz ist eine Erhöhung der Wank-Amplitudenverstärkung von bis zu 5 % zu erkennen.

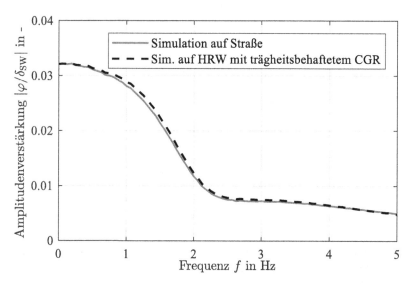

Abbildung 4.3: Amplitudengang des Übertragungsverhaltens von Lenkrad-winkel auf Wankwinkel auf der Straße und auf dem HRW mit trägheitsbehaftetem CGR

Die Auswirkungen dieser Wankwinkeländerungen auf das Gierübertragungsverhalten sind in Abbildung 4.4 dargestellt. Im Bereich der Giereigenfrequenz
tritt bei Berücksichtigung des zusätzlichen Wankträgheitsmoments als Folge
des veränderten Wankverhaltens eine Erhöhung der Amplitudenverstärkung
von ca. 0,5 % auf. Im Rahmen dieser Untersuchungen kann der Einfluss der
zusätzlichen Trägheit somit vernachlässigt werden.

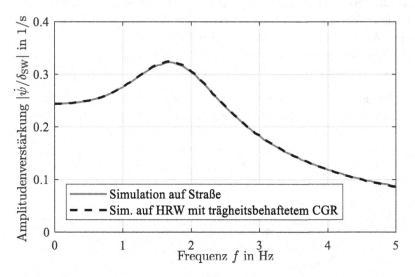

Abbildung 4.4:   Amplitudengang des Übertragungsverhaltens von Lenkradwinkel auf Gierrate auf der Straße und auf dem HRW mit
trägheitsbehaftetem CGR

Prinzipiell ist es möglich, durch eine bereits vom Prüfstandshersteller implementierte beschleunigungsbasierte Trägheitskompensation die Einflüsse der
CGR-Trägheit teilweise zu kompensieren. Hierbei werden entsprechende
Kräfte bzw. Momente über die Aktoren am CGR eingebracht (siehe Abschnitt 2.3.1). Bei Untersuchungen zur Vertikaldynamik oder bei Messungen
mit weniger wanksteifen Fahrzeugen kann dies Vorteile bringen. Im Rahmen
dieser Untersuchungen wird bewusst darauf verzichtet, da aufgrund des in Abschnitt 4.4.3 beschriebenen Aktorverhaltens auch unerwünschte Kräfte eingebracht werden können.

4.4.3 Aktor-Regelung

Wie in Abschnitt 4.4.2 beschrieben, wird die Masse des CGR statisch durch die Vertikalaktoren am CGR ausgeglichen. Zusätzlich können aerodynamische Auftriebskräfte und Nickmomente über diese Aktoren aufgebracht werden. Treten z.b. durch Hub- oder Wankbewegungen des Fahrzeugs Bewegungen in den Hydraulikaktoren auf, entstehen durch die Aktoren Kräfte, die der Bewegungsrichtung entgegengesetzt sind. Diese werden durch die entsprechenden Servoregler ausgeregelt. Durch den begrenzten Dynamikbereich der Aktoren geschieht dies jedoch nicht exakt zeitgleich. Dadurch üben die Hydraulikaktoren einen dämpfenden Einfluss auf die ungefesselten Freiheitsgrade aus.

Ebenso kann die in Abschnitt 4.4.2 angesprochene CGR-Trägheitskompensation Einflüsse auf das Hub-, Nick- und Wankverhalten des Fahrzeugs haben. Die Kompensation arbeitet beschleunigungsbasiert, reagiert also auf gemessene Fahrzeugbeschleunigungen. Da die Wirkkette von Sensor bis zu erzeugter Kraft im Aktor totzeit- und verzögerungsbehaftet ist (siehe dazu auch Abschnitt 4.5), wirken die gestellten Kräfte zeitverzögert. Das genaue Übertragungsverhalten dieser Aktoren steht jedoch nicht im Fokus dieser Arbeit.

Die durch die CGR-Aktoren hervorgerufene zusätzliche Wankdämpfung wird durch die Analyse des CGR-Wankmoments in Abhängigkeit der auftretenden Wankgeschwindigkeit ermittelt. Beim in dieser Arbeit durchgeführten querdynamischen Fahrmanöver ergibt sich eine zusätzliche Wankdämpfung von ca. $d_{r,CGR} \approx 3000 \; \frac{N \cdot m \cdot s}{rad}$. Dies liegt deutlich unter der Wankdämpfung des hier verwendeten sportlich ausgerichteten Fahrzeugs und beeinflusst die Wankbewegung nur geringfügig, wie in Abbildung 4.5 erkennbar ist. Auf eine separate Darstellung des Einflusses auf das Gierübertragungsverhaltens wird daher verzichtet. Für die weiteren Untersuchungen wird der dämpfende Einfluss der CGR-Aktoren vernachlässigt.

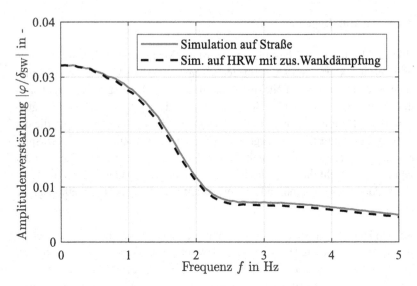

Abbildung 4.5:   Amplitudengang des Übertragungsverhaltens von Lenkradwinkel auf Wankwinkel auf der Straße und auf dem HRW
mit zusätzlicher Wankdämpfung

4.4.4 Einspannungselastizität

Weder die CGR-Fesselung noch die Fahrzeugkarosserie sind ideal steif.
Dadurch führt ein auf das Fahrzeug wirkendes Giermoment entgegen der vereinfachten Aussage in Abschnitt 2.3.1 zu einer Gierbeschleunigung des Fahrzeugaufbaus. Dies hat zwei Folgen: Einerseits wird das von den Reifen ins
Fahrzeug eingeleitete Giermoment nicht direkt von den Kraftmesszellen an
der CGR-Aufhängung gemessen, wodurch der simulierte Fahrzeugkörper der
Prüfstandsregelung nicht mit den tatsächlich wirkenden Kräften beaufschlagt
wird. Andererseits führt die tatsächlich auftretende Gierbewegung des Fahrzeugs zu veränderten Schräglaufwinkeln an den Reifen, wodurch auch die tatsächlich wirkenden Reifenkräfte verfälscht werden. In stationären Betriebszuständen und bei niederfrequenten querdynamischen Manövern ist der Einfluss
dieser Elastizität aufgrund der geringen auftretenden Giermomente vernachlässigbar.

Durch die Elastizität ergibt sich jedoch ein schwingungsfähiges System. Zur
Abschätzung des Einflusses wird das System stark vereinfacht als Rotations-

Feder-Masse-Schwinger betrachtet. In der Realität sind sowohl Masse als auch Steifigkeit auf das Fahrzeug-Prüfstands-System verteilt. Da die Verteilung auf das Gesamtsystem nicht gleichmäßig, sondern sehr inhomogen ist, ist auch eine Analyse mit Methoden der Kontinuumsmechanik nicht zielführend. Für eine Modellierung mit der Finiten-Elemente-Methode oder als elastisches Mehrkörpersystem werden detailliertere Parameter zu den Steifigkeitseigenschaften, insbesondere der Steifigkeitsverteilung, benötigt. Dies geht jedoch über den Rahmen dieser Untersuchung hinaus. Daher erfolgt eine analytische Betrachtung und Abschätzung der Auswirkung mit dem stark vereinfachten System.

Die Gesamtgiersteifigkeit des Fahrzeug-Prüfstands-Systems wurde in vorangehenden Untersuchungen für einen Kombi der Kompaktklasse experimentell zu $c_\psi \approx 5{,}5 \cdot 10^6 \, \frac{\text{Nm}}{\text{rad}}$ ermittelt. Für das in dieser Arbeit verwendete Messfahrzeug liegen keine entsprechenden Messwerte vor. Daher werden in diesem Abschnitt im Gegensatz zu den übrigen Untersuchungen Fahrzeugparameter verwendet, die dem Kompaktklasse-Kombi entsprechen. Zur Gierdämpfung des Sytems liegen keine Messwerte vor. Da im schwingungsfähigen System selbst keine dedizierten Dämpfer vorhanden sind, wird eine Dämpfungskonstante von $d_\psi = 15000 \, \frac{\text{Nms}}{\text{rad}}$ gewählt, die dem Lehr'schen Dämpfungsmaß $D \approx 0.05$ entspricht. Zusätzlich wirken die Reifen dämpfend, da sie durch die gierrateninduzierten Schräglaufwinkel dämpfende Kräfte erzeugen.

Die ungedämpfte Eigenfrequenz beträgt für ein angenommenes Gierträgheitsmoment von $I_{zz} = 4000 \, \text{kg} \cdot \text{m}^2$ für das Gesamtsystem aus Fahrzeug und CGR sowie eine Gesamtgiersteifigkeit von $c_\psi = 5{,}5 \cdot 10^6 \, \frac{\text{Nm}}{\text{rad}}$:

$$\omega_0 = \sqrt{\frac{c_\psi}{I_{zz}}} = 37{,}1 \, \frac{\text{rad}}{\text{s}} \qquad \text{Gl. 4.5}$$

Zur Ermittlung der gedämpften Eigenfrequenz wird zunächst die Abklingkonstante δ berechnet:

$$\delta = \omega_0 \cdot D = 1.855 \, \frac{\text{rad}}{\text{s}} \qquad \text{Gl. 4.6}$$

Damit ergibt sich die gedämpfte Eigenfrequenz:

$$\omega_\mathrm{d} = \sqrt{\omega_0^2 - \delta^2} = 37.05 \ \frac{\mathrm{rad}}{\mathrm{s}} \qquad \text{Gl. 4.7}$$

$$f_\mathrm{d} = \frac{\omega_0}{2\pi} = 5,9 \ \mathrm{Hz} \qquad \text{Gl. 4.8}$$

In Abbildung 4.6 ist die Wirkung der Einspannungselastizität auf das Gierübertragungsverhalten des Fahrzeugs dargestellt. Im Bereich der in Gl. 4.5 bzw. Gl. 4.8 berechneten Eigenfrequenz zeigt sich eine deutliche Erhöhung der Gierverstärkung des Fahrzeugs. Diese Erhöhung wirkt bis in den Bereich der eigentlichen Giereigenfrequenz des Fahrzeugs. Dort beträgt die Abweichung ca. 4 % im Vergleich zur Straßensimulation bzw. zu einem Fahrzeug auf idealem Prüfstand. Bei Frequenzen oberhalb von ca. 4 Hz zeigt das Fahrzeugverhalten eine unrealistische Charakteristik und kann daher nicht zur Bewertung von Fahrzeugeigenschaften verwendet werden.

Durch Messung der tatsächlich auftretenden Gierbeschleunigung am Fahrzeugaufbau oder am CGR kann das fehlerhaft gemessene Giermoment abgeschätzt und in den Bewegungsgleichungen des simulierten Fahrzeugkörpers der Prüfstandsregelung berücksichtigt werden. Eine solche Kompensation ist vom Prüfstandshersteller bereits vorgesehen und in der Steuersoftware implementiert. Dadurch können die Schwingungen im Resonanzbereich deutlich reduziert werden.

Zur Veranschaulichung der Wirksamkeit dieser Methode wird der Kompensationsalgorithmus ebenfalls im Simulationsmodell implementiert. Wie die Simulationsergebnisse in Abbildung 4.7 zeigen, können die Resonanzschwingungen vollständig kompensiert werden. Im Bereich der Giereigenfrequenz verbleibt eine geringe Überhöhung von ca. 2 %.

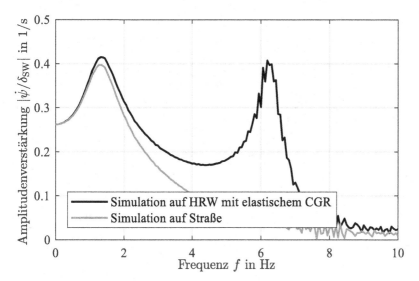

Abbildung 4.6: Einfluss der Einspannungselastizität auf das Gierübertragungsverhalten.

In der realen Anwendung auf dem HRW ergeben sich abweichend von den hier gezeigten idealisierten Simulationsergebnissen größere Abweichungen. Gründe hierfür sind unter anderem inhomogen verteilte Steifigkeiten im Gegensatz zu dem hier angenommenen Feder-Masse-Dämpfer-Schwinger sowie weitere im Fahrzeug auftretende Schwingungen, die unerwünschte Einflüsse auf die Kompensation haben. Dies erfordert eine manuelle Abstimmung verschiedener Parameter des Kompensationsalgorithmus. In realen Messergebnissen sind also noch Einflüsse der Einspannungselastizität sichtbar. Trotzdem bleibt die grundsätzliche Gültigkeit der Messergebnisse erhalten. Eine weitere Verbesserung dieser Kompensationsmethode wird in Zusammenarbeit mit dem Prüfstandshersteller erarbeitet und steht daher nicht im Fokus dieser Arbeit.

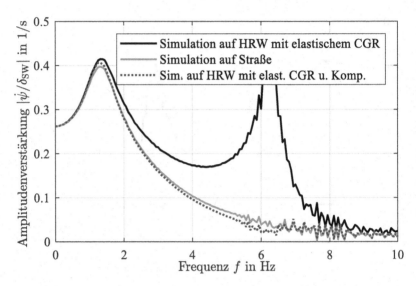

Abbildung 4.7: Wirksamkeit der herstellerseitigen Kompensation für die Einspannungselastizität auf das simulierte Gierübertragungsverhalten auf dem HRW

4.5 Lenkaktor-Übertragungsverhalten

Im „Road Load"-Modus (siehe Abschnitt 2.3.1) entstehen zwischen Messung der Reaktionskräfte an den Kraftmesszellen des CGR und Senden der Bandlenkwinkel-Sollsignale (vgl. Abbildung 2.2) zeitliche Verzögerungen durch Datenaufbereitung und -übertragung. Zusätzlich zeigen die Aktoren selbst ein nichtideales Übertragungsverhalten, bedingt durch zu bewegende träge Masse, Stellzeiten der Hydraulikventile und Reibung. Die vereinfachte Modellierung dieses Verhaltens ist in Abschnitt 3.2.3 beschrieben.

Die Auswirkung dieser Eigenschaften auf die einzelnen Aktoren ist in Abbildung 4.8 dargestellt. Die Abbildung zeigt die Übertragungsfunktion $G_{CmdFdbk}$ von Soll- auf Ist-Lenkwinkel des simulierten Aktors für verschiedene konstante Amplituden. Für verhältnismäßig große Amplituden, in diesem Fall 1°, fällt die Phase annähernd linear ab, während die Amplitudenverstärkung annähernd konstant 1 beträgt. Dieses Übertragungsverhalten entspricht einem reinen Totzeitglied [55].

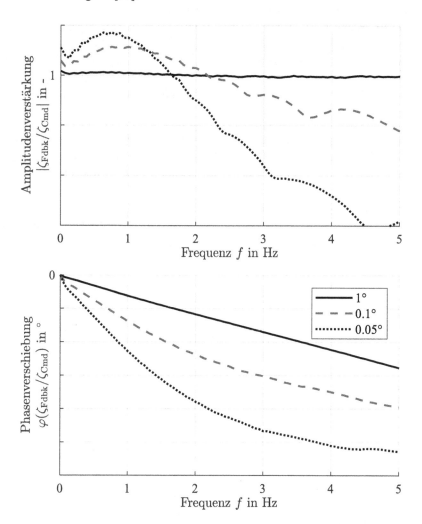

Abbildung 4.8: Simuliertes Übertragungsverhalten eines Bandlenkaktors bei Gleitsinusanregung mit verschiedenen Amplituden des Sollsignals

Bei kleinen Amplituden werden die Reibungskräfte im Vergleich zu den Beschleunigungskräften dominanter, was zu einem nichtlinearen Übertragungsverhalten führt. Im niedrigen Frequenzbereich ist eine Amplitudenüberhöhung, im höheren Frequenzbereich eine deutliche Verringerung der Amplitudenverstärkung zu erkennen. Die Phasenverschiebung wird betragsmäßig größer und nähert sich im betrachteten Frequenzbereich dem Phasengang eines Verzögerungsgliedes erster Ordnung an. Die Übertragungsfunktion eines idealen Aktors wäre gekennzeichnet durch eine konstante Amplitudenverstärkung von 1 und eine konstante Phasenverschiebung von 0, d.h. zu jedem Zeitpunkt wäre $\zeta_{Fdbk} = \zeta_{Cmd}$.

Die Auswirkungen dieses Verhaltens auf das Gesamtfahrzeug sind in Abbildung 4.9 exemplarisch am Amplitudengang der Gierübertragungsfunktion dargestellt. Bei der hier untersuchten, in Abschnitt 3.2.4 beschriebenen Lenkradanregung ist ein deutlicher Anstieg der Gierüberhöhung zu erkennen. Diese signifikante Amplitudenerhöhung im Bereich der Eigenfrequenz ist typisch für totzeitbehaftete Systeme. In rückgekoppelten Systemen sind Totzeiten kritisch für die Stabilität des Systems [55].

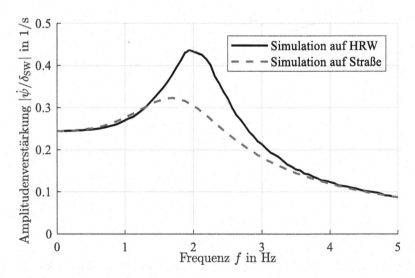

Abbildung 4.9:   Amplitudengang der Gierübertragungsfunktion des simulierten Fahrzeugs auf HRW und Straße mit modelliertem Bandlenkaktor-Verhalten

Durch die Rückkopplung des durch Verzögerungsglieder und Totzeiten beeinflussten Gesamtsystems aus Prüfstand und Fahrzeug sind schwach gedämpfte bis grenzstabile Gierschwingungen zu beobachten. Dieses Verhalten tritt sowohl in den hier durchgeführten Simulationen als auch bei Messungen auf dem HRW auf. Auf dem HRW zeigt die Amplitude der Gierschwingungen eine starke Abhängigkeit von der Fahrzeuggeschwindigkeit. Insgesamt führt dieses Verhalten dazu, dass bei Anregung mit geringeren Lenkradwinkeln eine deutlich stärkere Erhöhung der Gierüberhöhung auftritt.

Da dieser Einfluss signifikante Auswirkungen auf das gemessene Fahrzeugverhalten hat, wird der Fokus dieser Arbeit auf die Kompensation des Aktorübertragungsverhaltens gelegt.

5 Kompensationsmethoden für Aktor-Übertragungsverhalten

In Abschnitt 4.5 wird das Übertragungsverhalten der Lenkaktoren als erheblicher Einfluss auf das querdynamische Verhalten des Fahrzeug-Prüfstand-Systems identifiziert. In diesem Kapitel wird untersucht, welche Möglichkeiten bestehen, diesen Einfluss zu kompensieren. Das Übertragungsverhalten der Lenkaktoren ist gekennzeichnet durch drei wesentliche Charakteristiken: Diese sind echte Totzeit, das Verhalten eines Verzögerungsgliedes sowie Reibungseffekte. Totzeit lässt sich in realen Systemen nicht in Echtzeit kompensieren. Verzögerungsglieder sind theoretisch durch Vorschalten der inversen Übertragungsfunktion kompensierbar, wenn die Übertragungsfunktion invertierbar ist. In der Realität sind diese Möglichkeiten erstens durch Stellgößenbeschränkungen stark begrenzt, zweitens muss das vorgeschaltete System zwangsläufig einen ansteigenden Phasengang aufweisen. Dies kann bei Anwendung zur Systemlaufzeit zu Instabilitäten führen [55]. Aus diesen Gründen ist eine modellbasierte Kompensation nötig.

In einem ersten Schritt wird anhand des Schaubilds aus Abbildung 2.2 analysiert, an welchen Stellen des geschlossenen Regelkreises kompensierende Eingriffe möglich und sinnvoll sind. In Abbildung 5.1 sind die möglichen Eingriffsmöglichkeiten nummeriert.

1. Echte Reifen und Achsen: Ein Eingriff an dieser Stelle bedeutet eine mechanische Veränderung des Fahrzeugs und ist nicht zielführend, da dies das tatsächliche Fahrzeugverhalten verändern würde.
2. Real wirkende Kräfte und Momente: Für einen Eingriff an dieser Stelle müssten über zusätzliche Aktoren Kompensationskräfte in der x-y-Ebene aufgebracht werden. Dies erscheint nicht sinnvoll.
3. Kraft- und Drehmoment-Sensoren: Ein Eingriff direkt an den Sensoren zur Korrektur der gemessenen Kräfte wäre z.B. durch eine angepasste Sensorkalibrierung möglich. Eine solche Maßnahme ermöglicht es jedoch nicht, aktiv auf das Stellverhalten der Lenkaktoren zu reagieren und erscheint daher nicht sinnvoll.
4. Auf den simulierten Fahrzeugkörper wirkende Kräfte und Momente: Da durch das nichtideale Stellverhalten der Lenkaktoren die real wirkenden

Kräfte verfälscht werden, bietet es sich an, zusätzliche virtuelle Kompensationskräfte auf den simulierten Fahrzeugkörper aufzubringen. Dieser Ansatz wird in Abschnitt 5.2 näher betrachtet.

5. Simulierter Fahrzeugkörper: Eine Änderung der Fahrzeugparameter würde das dynamische Verhalten der Fahrzeugreaktionen verändern, bietet jedoch keine Möglichkeit zur Reaktion auf das Stellverhalten der Lenkaktoren. Zudem verfälscht es die physikalische Interpretierbarkeit der Messergebnisse. Daher ist dieses Vorgehen nicht zielführend.

6. Berechnete Fahrzeugbewegung bzw. Fahrzeugzustand: Auf Grundlage des Fahrzeugzustandes werden direkt die Soll-Lenkwinkel der Flachbandeinheiten berechnet. Eine gezielte Änderung des Zustands des virtuellen Fahrzeugs kann es also ermöglichen, den Soll-Bandlenkwinkel so zu verändern, dass der tatsächlich gestellte Bandlenkwinkel dem eigentlichen Fahrzeugzustand entspricht. Dieser Ansatz wird in Abschnitt 5.3 näher betrachtet.

7. Flachbänder und Regler: Naturgemäß birgt die Reglerabstimmung ein großes Potential. Wie oben beschrieben, bietet dies jedoch nur eingeschränkte Möglichkeiten zur Kompensation von Verzögerungs- und insbesondere Totzeitgliedern. Eine Möglichkeit besteht in der Korrektur der Sollwerte im Zeitbereich basierend auf Kenntnis der zu erwartenden Werte aus vorherigen Messungen. Ein solches iteratives Verfahren wird in Abschnitt 5.1 vorgestellt. Zudem können Einflüsse der Reibung im Aktor durch Überlagerung hochfrequenter Schwingungen verringert werden. Diese Methode wird in Abschnitt 5.4 beschrieben

8. Schräglaufwinkel aus Fahrzeugbewegung: Die tatsächlich am Reifen wirkenden Schräglaufwinkel ergeben sich aus den gestellten Bandlenkwinkeln und den Radlenk- und Vorspurwinkeln. Eine direkte Beeinflussung der Schräglaufwinkel unabhängig von diesen Größen ist nicht realistisch erzielbar.

Aus dieser Betrachtung ergeben sich also drei mögliche Ansatzpunkte zur Kompensation des Aktor-Übertragungsverhaltens sowie ein Ansatzpunkt zur Verringerung des Reibungseinflusses. Die daraus entwickelten Methoden werden im Folgenden näher betrachtet.

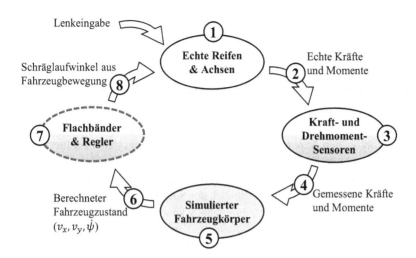

Abbildung 5.1: Eingriffsmöglichkeiten in das hybridmechanische System

5.1 Iterationsverfahren

Um das Lenkaktor-Sollsignal zu verbessern, wird wie in Kapitel 5 unter Punkt 7 vorgeschlagen ein Iterationsverfahren entwickelt. Der Ansatzpunkt des Verfahrens ist es, das Lenkaktor-Sollsignal so anzupassen, dass der gestellte Bandlenkwinkel dem Fahrzeugzustand zum jeweiligen Zeitschritt entspricht. Der Ansatzpunkt der Kompensationsmethode im Signalfluss ist in Abbildung 5.2 dargestellt. In dieser Abbildung wird außerdem die im Folgenden verwendete Nomenklatur der Bandlenkwinkel verdeutlicht: Der *Wunsch-Bandlenkwinkel* $\zeta_{i,\text{Des}}$ ergibt sich zu jedem Zeitschritt aus dem Fahrzeugzustand, d. h. aus den Fahrzeuggeschwindigkeiten $v_x, v_y, \dot{\psi}$. Er entspricht den Schwimmwinkeln des Fahrzeugs an den jeweiligen Radpositionen. Ziel der Kompensation ist es, dass der tatsächlich gestellte *Ist-Bandlenkwinkel* $\zeta_{i,\text{Fdbk}}$ der Lenkaktoren dem Wunsch-Bandlenkwinkel entspricht. Hierfür wird durch die Kompensation der *Soll-Bandlenkwinkel* $\zeta_{i,\text{Cmd}}$ geeignet angepasst. Der Soll-Bandlenkwinkel dient als Führungsgröße der serienmäßigen Regler der Lenkaktoren.

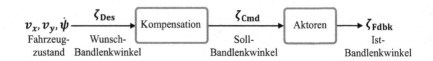

Abbildung 5.2:   Ansatzpunkt der Kompensation im Signalfluss und Nomenklatur der Bandlenkwinkel

Zur erfolgreichen Anpassung des Soll-Bandlenkwinkels ist bei der hier entwickelten Methode Kenntnis über den zukünftigen Fahrzeugzustand erforderlich. Diese Kenntnis ergibt sich aus der wiederholten Durchführung des identischen Fahrmanövers. Durch Abgleich der Soll- und Ist-Bandlenkwinkel des jeweils vorherigen Simulationsdurchgangs kann unter Verwendung des bekannten Aktor-Übertragungsverhaltens ein Korrektursignal berechnet werden, das im Zeitbereich auf das Wunschsignal, d. h. den Bandlenkwinkel, der dem Fahrzeugzustand entspricht, addiert wird. Der Ansatzpunkt des Verfahrens im Kontext des Gesamtsystems ist in Abbildung 5.3 dargestellt.

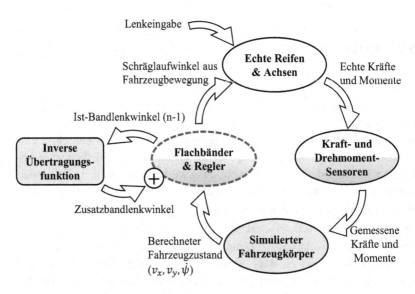

Abbildung 5.3:   Funktionsprinzip des iterativen Verfahrens in Anlehnung an Abbildung 2.2.

Das Vorgehen ist vergleichbar mit dem etablierten Iterations-Prozess „Remote Parameter Control" (RPC) der Firma MTS [54][60]. Dieser wurde entwickelt, um gemessene Anregungen während einer Straßenfahrt, z.b. Radträgerbeschleunigungen, auf einem Prüfstand nachbilden zu können. Der Unterschied des hier entwickelten Prozesses ist, dass sich die Zielgrößen mit jedem Iterationsdurchlauf ändern. Daher wird nicht das gesamte Sollsignal durch die Iteration bestimmt, sondern lediglich ein Zusatzbandlenkwinkel, der auf den Wunsch-Bandlenkwinkel addiert wird. Im Folgenden wird das Vorgehen detailliert beschrieben.

5.1.1 Methodenbeschreibung

Betrachtet wird der Lenkwinkel ζ_i einer Flachbandeinheit. Wie oben beschrieben, ergibt sich der Wunsch-Bandlenkwinkel $\zeta_{i,\text{Des}}$ zu jedem Zeitschritt aus den Fahrzeuggeschwindigkeiten $v_x, v_y, \dot{\psi}$. Er entspricht den Schwimmwinkeln des Fahrzeugs an den jeweiligen Radpositionen. Bei der ersten Durchführung des Fahrmanövers ohne Korrekturen ergibt sich aus ihm direkt der Soll-Bandlenkwinkel, der als Eingangsgröße der Servoregler der Aktoren dient: $\zeta_{i,\text{Cmd}} = \zeta_{i,\text{Des}}$. Der tatsächlich gestellte Bandlenkwinkel $\zeta_{i,\text{Fdbk}}$ unterscheidet sich davon aufgrund des nicht idealen Aktor-Übertragungsverhaltens um den Fehler $\zeta_{i,\text{Err}}$:

$$\zeta_{i,\text{Err}} = \zeta_{i,\text{Des}} - \zeta_{i,\text{Fdbk}} \qquad \text{Gl. 5.1}$$

Dieser entspricht der Regelabweichung. Ziel ist es, im folgenden Iterationsschritt den gestellten Bandlenkwinkel $\zeta_{i,\text{Fdbk}}$ um diesen Winkel zu verändern. Durch Kenntnis der Übertragungsfunktion der Lenkaktoren von Soll- auf Ist-Bandlenkwinkel kann das dafür notwendige Soll-Signal berechnet werden. Diese Übertragungsfunktion $G_{\text{CmdFdbk}}(s) = \frac{S_{\text{FdbkCmd}}(s)}{S_{\text{CmdCmd}}(s)}$ wird anhand von Messwerten gemäß der in Abschnitt 2.2 beschriebenen Methode numerisch bestimmt. Im Folgenden wird die Inversen $G_{\text{CmdFdbk}}^{-1}(s)$ des Übertragungsverhaltens verwendet. Bei der numerischen Invertierung erhält der Phasengang ein positives Vorzeichen, was einer Zeitvoreilung entspricht [66].

Mit dieser Inversen der Aktor-Übertragungsfunktion wird die Fouriertransformierte des Fehlers $\mathcal{F}(\zeta_{i,\mathrm{Err}})$ multipliziert. Diese Multiplikation im Frequenzbereich entspricht einer Faltung im Zeitbereich. Um das Zeitsignal des erforderlichen Korrektur-Lenkwinkels $\zeta_{i,\mathrm{Corr}}$ zu erhalten, wird eine inverse Fouriertransformation durchgeführt:

$$\zeta_{i,\mathrm{Corr}} = \mathcal{F}^{-1}\left(\mathcal{F}\left(\zeta_{i,\mathrm{Err}}\right) \cdot G_{\mathrm{CmdFdbk}}^{-1}(s)\right) \qquad \text{Gl. 5.2}$$

Wie oben beschrieben, ändern sich die Fahrzeugreaktionen und damit die Soll-Bandlenkwinkel mit jedem Iterationsdurchgang. Außerdem kann sich durch die nichtlinearen Eigenschaften der Aktoren das Übertragungsverhalten anregungsabhängig verändern. Daher ist nicht zu erwarten, dass durch einfaches Addieren des Korrektur-Bandlenkwinkels bereits eine perfekte Übereinstimmung erreicht wird. Um eine Überkorrektur zu verhindern, wird der Korrekturwinkel mit einem Faktor $k_{\mathrm{Corr}} < 1$ multipliziert, der abhängig von der Qualität der Ergebnisse variabel gewählt werden kann.

Wurden bereits vorherige Iterationsschritte durchgeführt, müssen die dort berechneten Korrekturen berücksichtigt werden. Daraus ergibt sich der Zusatzbandlenkwinkel der n-ten Iteration zu:

$$\zeta_{i,\mathrm{Add},n} = \zeta_{i,\mathrm{Add},n-1} + k_{\mathrm{Corr},n} \cdot \zeta_{i,\mathrm{Corr},n} \qquad \text{Gl. 5.3}$$

Bei der folgenden Durchführung des Fahrmanövers ergibt sich der Soll-Bandlenkwinkel zu jedem Zeitschritt dann zu:

$$\zeta_{i,\mathrm{Cmd},n} = \zeta_{i,\mathrm{Des}} + \zeta_{i,\mathrm{Add},n} \qquad \text{Gl. 5.4}$$

5.1.2   Simulationsergebnisse

Die Durchführung der Methode wird im Folgenden anschaulich anhand einer Simulation dargestellt. Verwendet wird dabei das in Abschnitt 3.2 vorgestellte Simulationsmodell. Das simulierte Fahrmanöver ist wie in Abschnitt 3.2.4 beschrieben ein stochastisches Lenken bei einer Fahrgeschwindigkeit von 150 km/h. Als exemplarische Fahrzeuggröße wird die Gierübertragungsfunktion betrachtet.

Bei der initialen Durchführung ohne Korrektur zeigt die in Abbildung 5.4 dargestellte Gierübertragungsfunktion auf dem HRW den in Abschnitt 4.5 vorgestellten Verlauf mit einer deutlichen Erhöhung sowohl der Giereigenfrequenz als auch der Gierüberhöhung gegenüber den entsprechenden Werten bei Simulation auf der Straße.

Die in Abbildung 5.5 abgebildete Übertragungsfunktion $G_{CmdFdbk}$ von Soll-Bandlenkwinkel auf Ist-Bandlenkwinkel zeigt die in Abschnitt 4.5 beschriebenen Eigenschaften. Der Amplitudengang ist im hier abgebildeten fahrdynamisch relevanten Frequenzbereich nahe 1, weist aber im Frequenzbereich bis 3 Hz frequenzabhängige Abweichungen von bis zu ca. 5 % auf. Bei höheren Frequenzen fällt die Amplitudenverstärkung deutlich ab. Die Übertragungsfunktion weist eine annähernd proportional zur Frequenz abfallende Phase auf, was dem Verhalten eines Totzeitgliedes entspricht. Die ebenfalls abgebildete inverse Übertragungsfunktion $G_{CmdFdbk}^{-1}$ wird im Folgenden zur Ermittlung des Korrekturlenkwinkels benötigt. Oberhalb von ca. 3 Hz sind zudem größere Schwankungen sowohl im Amplituden- als auch im Phasengang erkennbar. Da zu erwarten ist, dass dadurch unerwünschte höherfrequente Anteile in das Korrektursignal eingebracht werden, wird dieses tiefpassgefiltert.

Abbildung 5.6 zeigt zur Veranschaulichung die Zeitverläufe der Bandlenkwinkel an der Vorderachse beim initialen Simulationsdurchgang. Der Wunsch-Bandlenkwinkel $\zeta_{F,Des,0}$ entspricht dem simulierten Fahrzeugzustand zum jeweiligen Zeitpunkt. Da im initialen Simulationsdurchgang kein Zusatzlenkwinkel addiert wird, entspricht hier der Wunsch-Bandlenkwinkel dem Soll-Bandlenkwinkel $\zeta_{F,Cmd,0}$. Daher wird der Soll-Bandlenkwinkel in dieser Abbildung nicht zusätzlich dargestellt. Der Ist-Bandlenkwinkel $\zeta_{F,Fdbk,0}$ lässt das in Abbildung 5.5 gezeigte Übertragungsverhalten mit einer Verstärkung nahe

1 und einer annähernd konstanten Totzeit erkennen. Aus der Reglerabweichung $\zeta_{F,Err,0}$ wird gemäß Gl. 5.3 der Zusatzlenkwinkel $\zeta_{F,Add,1}$ für den folgenden Simulationsdurchgang erzeugt.

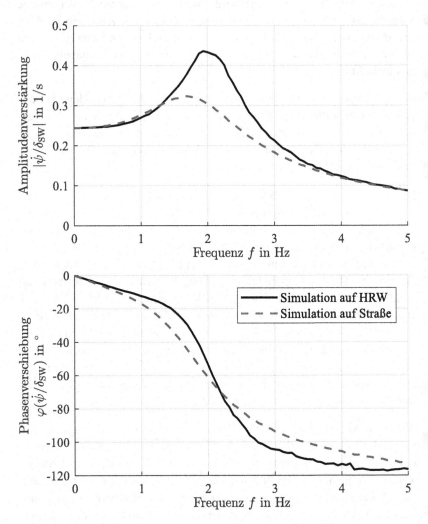

Abbildung 5.4: Gierübertragungsfunktion des simulierten Fahrzeugs auf dem HRW und auf der Straße

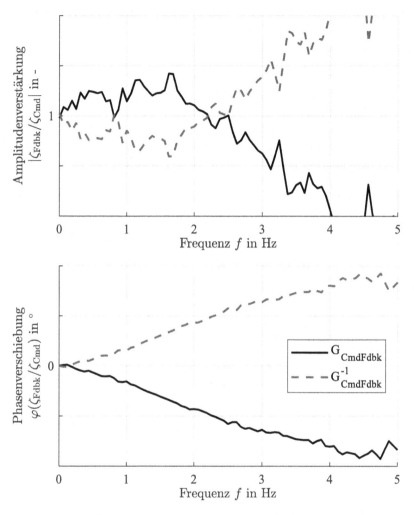

Abbildung 5.5: Übertragungsfunktion und inverse Übertragungsfunktion von Soll-Bandlenkwinkel $\zeta_{i,\text{Cmd}}$ auf Ist-Bandlenkwinkel $\zeta_{i,\text{Fdbk}}$

Die entsprechenden Zeitverläufe der Bandlenkwinkel an der Vorderachse beim folgenden Simulationsdurchgang sind in Abbildung 5.7 dargestellt. Das Signal des Zusatzlenkwinkels $\zeta_{\text{F,Add,1}}$ entspricht dem aus Abbildung 5.6. Daraus wird gemäß Gl. 5.4 mit dem Wunsch-Bandlenkwinkel $\zeta_{F,Des,1}$ das Stellsignal bzw. der Soll-Bandlenkwinkel $\zeta_{F,Cmd,1}$ erzeugt. In dieser Darstellung im Zeitbereich werden zwei Effekte deutlich:

1. Der Ist-Bandlenkwinkel $\zeta_{F,Fdbk,1}$ folgt dem Wunsch-Bandlenkwinkel $\zeta_{F,Des,1}$ mit deutlich geringerer zeitlicher Verzögerung.

2. Im Vergleich zum initialen Simulationsdurchgang verändert sich der Verlauf des Wunsch-Bandlenkwinkels, insbesondere bezogen auf die Höhe der Amplituden. Dies bedeutet, wie bereits erwähnt, dass weitere Iterationsschritte nötig sind, um den Zusatzbandlenkwinkel an das geänderte Fahrzeugverhalten anzupassen.

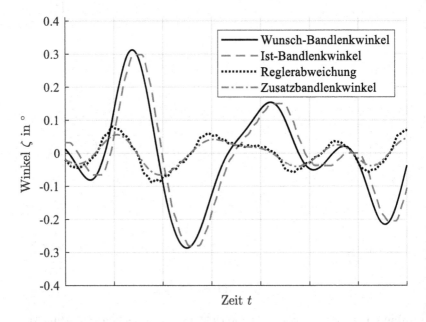

Abbildung 5.6: Ausschnitt des Zeitverlaufs der Bandlenkwinkel an der Vorderachse bei initialem Simulationsdurchgang.

Die Auswirkung auf das Fahrzeugverhalten ist in Abbildung 5.8 dargestellt. Abgebildet sind analog zu Abbildung 5.4 die simulierten Gierübertragungsfunktionen des gleichen Fahrmanövers auf dem HRW und auf der Straße. Zusätzlich zum initialen Simulationsdurchgang sind die Ergebnisse mehrerer Iterationsschritte abgebildet. Es ist gut zu sehen, dass sich bereits im ersten Iterationsschritt der Verlauf der Gierübertragungsfunktion sowohl im Amplituden- als auch im Phasengang an den Referenzverlauf der Straßensimulation annähert.

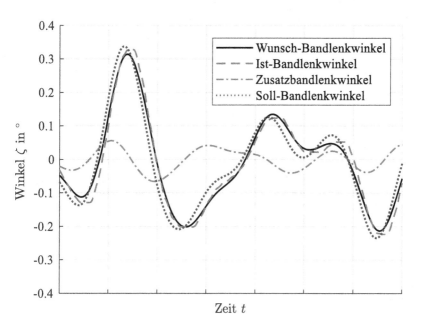

Abbildung 5.7: Ausschnitt des Zeitverlaufs der Bandlenkwinkel an der Vorderachse bei erster Iteration

Ebenso zu sehen sind teilweise die oben angesprochenen Überkorrekturen, z.B. im Frequenzbereich um 2 Hz. Diese werden in folgenden Iterationsschritten ausgeglichen. Zur verbesserten Übersichtlichkeit sind nicht die Ergebnisse aller weiteren Iterationsschritte dargestellt. Exemplarisch für eine fortgeschrittene Iteration sieht man an den Ergebnissen des 5. Iterationsschritts, dass bei ausreichend hoher Iterationszahl eine gute Übereinstimmung zwischen Simulation auf dem HRW und Simulation auf der Straße erreicht werden kann. Erkennbare kleinere Abweichungen gibt es noch bei Frequenzen um 2,5 Hz.

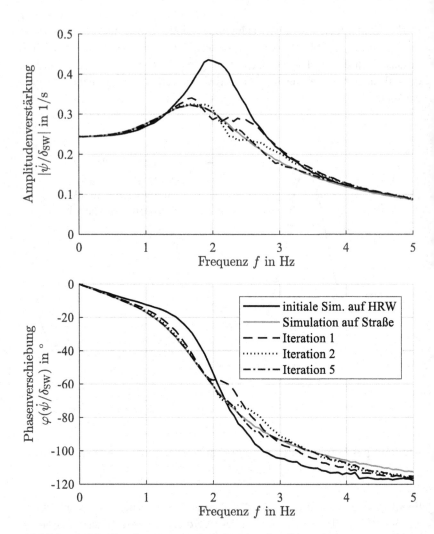

Abbildung 5.8: Gierübertragungsfunktion des simulierten Fahrzeugs auf dem HRW bei mehreren Iterationsdurchgängen sowie auf der Straße

Ein ähnliches Verhalten zeigt sich bei Betrachtung der Aktorübertragungs-funktion in Abbildung 5.9. Abgebildet ist hier die Übertragungsfunktion $G_{\zeta_{F,Des,n}\zeta_{F,Cmd,n}}$ von Wunsch-Bandlenkwinkel auf Ist-Bandlenkwinkel an der

Vorderachse. Wie in Abschnitt 4.5 beschrieben, ist das Ziel, dass in diesem Übertragungsverhalten der Amplitudengang gleich 1 und der Phasengang gleich 0 wird. Deutlich erkennbar ist, dass sich die Phasenverschiebung mit steigender Iterationszahl verringert und bei der fünften Iteration bis ca. 2,2 Hz annähernd eliminiert ist. Bezüglich des Amplitudengangs ist erkennbar, dass im ersten Iterationsschritt nach einer Verringerung der Amplitude zwischen 1,5 Hz und 2 Hz eine starke Amplitudenerhöhung stattfindet. Dies spiegelt die in Abbildung 5.7 erkennbaren Lenkwinkelüberhöhungen wider. Mit steigender Iterationszahl wird die Frequenz, bei der die Amplitudenüberhöhung auftritt, zu höheren Frequenzen verschoben.

Eine weitere Verbesserung des Übertragungsverhaltens bei höheren Frequenzen über ca. 3 Hz ist nicht zu erwarten. In diesem Frequenzbereich fällt wie oben beschrieben die Kohärenz zwischen Soll-Bandlenkwinkel $\zeta_{i,\mathrm{Cmd}}$ auf Ist-Bandlenkwinkel $\zeta_{i,\mathrm{Fdbk}}$ ab. Dadurch werden über die für die Korrektur verwendete Übertragungsfunktion unkorrelierte Effekte in den Korrekturwinkel eingebracht. Zudem liegt dem Verfahren die Annahme zugrunde, dass die Übertragungsfunktion für sämtliche auftretende Anregungen gültig ist. Da die Aktoren aber ein nichtlineares, amplitudenabhängiges Verhalten aufweisen, ist nicht davon auszugehen, dass mit dieser Korrekturmethode das Übertragungsverhalten im gesamten auftretenden Amplituden- und Frequenzbereich korrigiert werden kann.

Systembedingt lassen sich nichtlineare Reibungseffekte in den Aktoren durch dieses Verfahren nicht kompensieren, wie auch in Abbildung 5.7 erkennbar ist. Insbesondere bei kleinen Anregungsamplituden, die vor allem im höheren Frequenzbereich auftreten, können die Reibungseffekte dominieren. Dennoch zeigen die hier vorgestellten Simulationsergebnisse, dass das Iterationsverfahren grundsätzlich geeignet ist, das totzeit- und verzögerungsbehaftete Übertragungsverhalten der Bandlenkaktoren in einem weiten, fahrdynamisch relevanten Frequenzbereich bis ca. 2,5 Hz zu kompensieren. Für die Anwendung bei Messungen auf dem Fahrzeugdynamikprüfstand ergibt sich jedoch der Nachteil, dass das Fahrzeugverhalten nicht „live" bei einem einmaligen Versuchsdurchgang zuverlässig untersucht werden kann. Es sind mehrere Durchgänge mit exakt gleichem Lenkwinkel- und Geschwindigkeitsprofil nötig. Diese Einschränkung bedeutet, dass die Anwendung des Iterationsverfahrens mit einem hohen Aufwand verbunden ist. Für breit angelegte Messkampagnen mit der Untersuchung des Fahrzeugverhaltens bei verschiedenen Manövern ist es daher nicht geeignet.

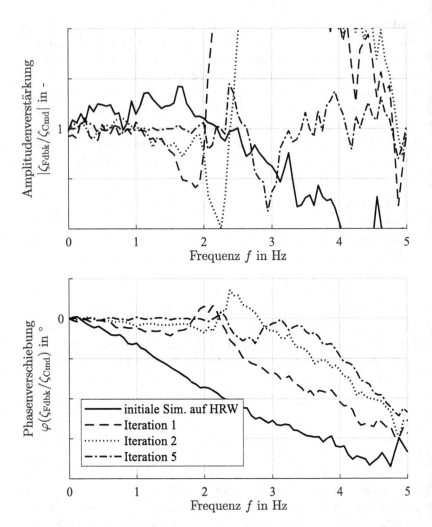

Abbildung 5.9: Übertragungsfunktion von Wunsch-Bandlenkwinkel auf Ist-Bandlenkwinkel an der Vorderachse bei mehreren Iterationsdurchgängen

Dennoch bietet das Verfahren einen entscheidenden Vorteil. Da das Übertragungsverhalten der Bandlenkaktoren im fahrdynamisch relevanten Bereich annähernd ideal wird, liefern Messungen nach Anwendung des Iterationsverfahrens eine Referenz über das theoretische Fahrzeugverhalten. Es sind also die – in Bezug auf das Aktorverhalten – echten Fahrzeugeigenschaften messbar. Damit liefert es wertvolle Informationen z.b. zur Untersuchung der Einflüsse weiterer Prüfstandseffekte.

5.2 Virtuelle Kompensation

Durch das nichtideale Lenkaktor-Übertragungsverhalten ergeben sich an den Reifen Abweichungen zwischen dem tatsächlich auftretenden Schräglaufwinkel und dem Soll-Schräglaufwinkel. Dadurch weichen die entstehenden Reifenkräfte von den zu erwartenden Kräften ab, die bei idealem Aktorverhalten auftreten würden. Da sowohl Soll- als auch Ist-Bandlenkwinkel bekannt sind, ist es möglich, die fehlenden bzw. zu hohen Reifenkräfte abzuschätzen und die auf den Fahrzeugkörper wirkenden Gesamtkräfte und -momente zu korrigieren. Die Grundlage dieses Prinzips ist in Abbildung 5.10 dargestellt.

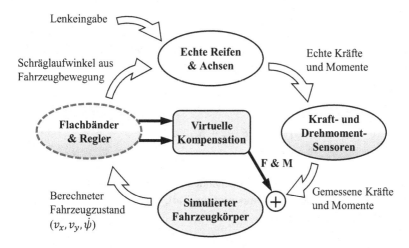

Abbildung 5.10: Funktionsprinzip der modellbasierten Kompensation in Anlehnung an Abbildung 2.2.

5.2.1 Methodenbeschreibung

Bei reiner Betrachtung der Querdynamik und Verwendung eines einfachen linearen Reifenmodells betragen die Reifenseitenkräfte:

$$F_{y,i} = \alpha_i \cdot C_{\alpha,i}$$

Gl. 5.5

Dabei ist α_i der Schräglaufwinkel und $C_{\alpha,i}$ die Seitenkraft- bzw. Schräglaufsteifigkeit. Auf dem Fahrzeugdynamikprüfstand ergibt sich der Schräglaufwinkel zu $\alpha_i = \zeta_i + \delta_i$, wobei der Spurwinkel δ_i sowohl den Radlenkwinkel als auch kinematische und elastokinematische Spuränderungen beinhaltet. Damit ergeben sich die wirkenden Reifenseitenkräfte beim Ist-Bandlenkwinkel $\zeta_{i,\text{Fdbk}}$ zu:

$$F_{y,i,\text{Fdbk}} = \left(\zeta_{i,\text{Fdbk}} + \delta_i\right) \cdot C_{\alpha,i}$$

Gl. 5.6

Die Soll-Reifenkräfte, d.h. die Kräfte, die zum jeweiligen Zeitpunkt bei idealem Aktorverhalten erzeugt werden sollten, ergeben sich entsprechend aus dem Wunsch-Bandlenkwinkel $\zeta_{i,\text{des}}$ zu:

$$F_{y,i,\text{Des}} = \left(\zeta_{i,\text{Des}} + \delta_i\right) \cdot C_{\alpha,i}$$

Gl. 5.7

Mit der hier verwendeten vereinfachenden Annahme des linearen Reifenverhaltens berechnet sich die Kompensationskraft, d.h. die zu wenig bzw. zu viel erzeugte Kraft pro Rad zu:

$$F_{y,i,\text{Comp}} = F_{y,i,\text{Des}} - F_{y,i,\text{Fdbk}} = \left(\zeta_{i,\text{Des}} - \zeta_{i,\text{Fdbk}}\right) \cdot C_{\alpha,i}$$

Gl. 5.8

Um dynamische Effekte, insbesondere den verzögerten Kraftaufbau bei einer Schräglaufwinkeländerung, zu berücksichtigen, kann der dynamische Seitenkraftaufbau als Verzögerungsglied erster Ordnung analog zu Gl. 3.6 durch die Differentialgleichung Gl. 5.9 mit der Einlauflänge $\sigma_{\alpha,i}$ modelliert werden:

$$\dot{F}_{y,\mathrm{Comp},i} = \frac{v_x}{\sigma_{\alpha,i}} \cdot \left(\left(\zeta_{i,\mathrm{Des}} - \zeta_{i,Fdbk} \right) \cdot C_{\alpha,i} - F_{y,\mathrm{Comp},i} \right) \qquad \text{Gl. 5.9}$$

Die auf das Fahrzeug wirkenden Kompensationskräfte und -momente ergeben sich damit aus den vier radindividuellen Kompensationskräften zu:

$$F_{y,v,\mathrm{Comp}} = \Sigma F_{y,i,\mathrm{Comp}} \qquad \text{Gl. 5.10}$$

$$M_{z,v,\mathrm{Comp}} = \left(F_{y,\mathrm{VL},\mathrm{Comp}} + F_{y,\mathrm{VR},\mathrm{Comp}} \right) \cdot l_v \\ - \left(F_{y,\mathrm{HL},\mathrm{Comp}} + F_{y,\mathrm{HR},\mathrm{Comp}} \right) \cdot l_h \qquad \text{Gl. 5.11}$$

Diese Kompensationskräfte und -momente werden dann, wie in Abbildung 5.10 dargestellt, auf die gemessenen Einspannungskräfte und-momente addiert. Dadurch kann die theoretische Fahrzeugreaktion berechnet werden, die bei ideal wirkenden Aktoren auftreten würde.

Da als Eingangsgrößen der Kompensationsmethode ausschließlich Wunsch- und Ist-Bandlenkwinkel verwendet werden, können Bandlenkwinkelabweichungen unabhängig vom zugrundeliegenden Effekt kompensiert werden, d. h sowohl Totzeiten als auch Verzögerungen und nichtlineare Reibungseffekte.

5.2.2 Simulationsergebnisse

Die Funktion der Methode wird anschaulich anhand von Simulationsergebnissen dargestellt. Abbildung 5.11 zeigt das Gierübertragungsverhalten des Fahrzeugs bei Simulationen auf dem HRW im Vergleich zur Simulation auf der

Straße. Die in der Kompensation verwendeten Parameter für die Achssteifigkeiten $C_{\alpha,i}$ und Einlauflängen $\sigma_{\alpha,i}$ entsprechen exakt denen des Fahrzeugmodells. Es wird deutlich, dass bereits durch die einfache Kompensation ohne Berücksichtigung des dynamischen Reifenverhaltens eine deutliche Annäherung sowohl des Amplituden- als auch des Phasengangs an den Referenzverlauf der Straßensimulation erreicht wird. Die Giereigenfrequenz wird zu tieferen Frequenzen verschoben, zeigt aber noch eine im Vergleich zur Straße leicht erhöhte Gierüberhöhung. Bei Verwendung des Reifenmodells unter Berücksichtigung des instationären Seitenkraftaufbaus nach Gl. 5.9 ist die Abweichung wesentlich geringer, nur im Amplitudengang der Gierübertragungsfunktion weicht sie im Bereich der Giereigenfrequenz um ca. 2 % ab.

Die Ursache für die verbleibenden Unterschiede ist im Wankverhalten zu suchen. Die virtuelle Kompensation beeinflusst nur die Bewegungsgleichungen für Gierrate und Schwimmwinkel des virtuellen Fahrzeugs im Road-Load-Controller. Die tatsächlich wirkenden Reifenkräfte auf dem HRW unterscheiden sich weiterhin von denen auf der Straße. Dadurch wird unter anderem der Wankfreiheitsgrad anders angeregt. Durch die Gier-Wank-Kopplung mittels der Rollsteuerkoeffizienten (siehe Abschnitt 3.2.1) hat dies Auswirkungen auf die Gierrate.

Die ausschließliche Verwendung dieser Kompensationsmethode lässt daher nicht erwarten, die durch das Aktorübertragungsverhalten auftretenden Unterschiede im Fahrzeugverhalten gänzlich zu kompensieren. Es ist davon auszugehen, dass die Abweichungen am realen Fahrzeug größer sind, da das hier verwendete erweiterte Einspurmodell nichtlineare kraftabhängige Effekte nur unzureichend abbildet. Zudem ist die Qualität der Kompensation in erheblichem Maße von der Modellierungsgüte abhängig. Das hier verwendete lineare Reifenmodell kann bei höheren Schräglaufwinkeln erhebliche Abweichungen zu den tatsächlich auftretenden Kräften erzeugen. Die Verwendung umfangreicherer nichtlinearer Reifenmodelle ist grundsätzlich denkbar, erfordert aber zusätzliche Kenntnis über die Spurwinkel δ_i. Selbst bei Verwendung umfangreicher und gut parametrierter Reifenmodelle verbleibt aber der prinzipbedingte Nachteil, dass die nicht korrekt erzeugten Reifenkräfte nur virtuell berücksichtigt und nicht real auf das Fahrzeug aufgebracht werden.

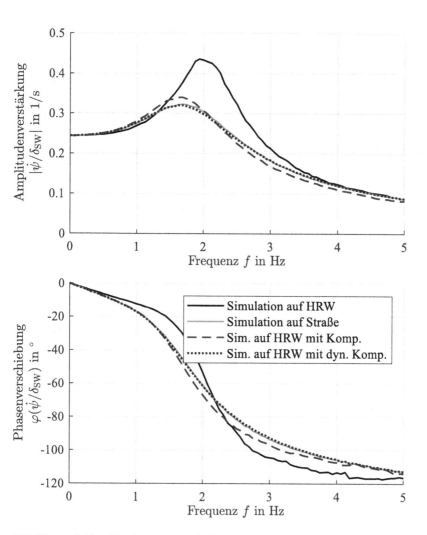

Abbildung 5.11: Gierübertragungsfunktion des simulierten Fahrzeugs auf dem HRW ohne Kompensation, mit virtueller Kompensation mit statischem und dynamischem Reifenmodell sowie auf der Straße

Vorteil dieser Kompensationsmethode ist die vergleichsweise einfache Umsetzbarkeit, da insbesondere für die Kompensation mit statischem Reifenverhalten als einzige Modellparameter die Reifen- bzw. Achssteifigkeiten benötigt werden. Diese können z. B. durch eine quasistationäre Kreisfahrt schnell bestimmt werden. Im Gegensatz zum Iterationsverfahren (Abschnitt 5.1) ist keine mehrmalige Durchführung des Manövers erforderlich. Die Kompensation wirkt auch bei nicht im Voraus bekannten Lenkwinkeleingaben. Ein weiterer Vorteil der virtuellen Kompensation ist, dass Bandlenkwinkelabweichungen unabhängig vom zugrundeliegenden Effekt kompensiert werden können. Insgesamt eignet sich diese Methode also gut, um schnell Messergebnisse zu erzielen, deren Qualität je nach Anwendungsfall bereits ausreichend genaue Aussagen über das Fahrzeugverhalten zulässt.

Für die Kompensation mit dynamischem Reifenverhalten werden als zusätzliche Parameter die Einlauflängen benötigt. Deren Bestimmung ist aufwändiger als die der Achssteifigkeiten, wenn keine Möglichkeit zur direkten Messung der Reifenkräfte zur Verfügung steht. Möglich ist die Bestimmung der Einlauflängen durch Parameterfitting eines Fahrzeugmodells anhand von Messwerten des dynamischen Fahrzeugverhaltens. Erfahrungsgemäß können hierbei jedoch deutliche Abweichungen der Einlauflänge auftreten. Dadurch können die Ergebnisse der virtuellen Kompensation deutlich verfälscht werden. Es ist also anwendungsfallabhängig zu entscheiden, welches Reifenmodell für die Kompensation verwendet werden soll.

Für Ergebnisse höherer Güte kann eine Kombination mit weiteren Kompensationsmöglichkeiten, wie der Iterationsmethode (Abschnitt 5.1) oder der Previewmethode (Abschnitt 5.3) verwendet werden. In diesen Fällen wird eine hohe Übereinstimmung der Soll- und Ist-Bandlenkwinkel erreicht, es gilt dann $\zeta_{i,\mathrm{Fdbk}} \approx \zeta_{i,\mathrm{des}}$. Aus Modellierungsungenauigkeiten entstehende Fehler fallen dadurch nicht mehr ins Gewicht, die Kompensationskräfte und -momente werden entsprechend Gl. 5.8 bzw. Gl. 5.9 verschwindend gering. Dennoch bietet es sich an, auch bei Verwendung der komplexeren Kompensationsmethoden die modellbasierte Kompensation ergänzend zu verwenden, um den Einfluss insbesondere im Kleinsignalbereich auftretender Bandlenkwinkelabweichungen zu eliminieren. Ein solcher ganzheitlicher Ansatz zur kombinierten Anwendung der Kompensationsmethoden wird in Abschnitt 5.5 vorgestellt.

5.3   Preview-Verfahren

Wie bereits in Abschnitt 4.5 beschrieben wird, zeigen die Bandlenkaktoren aufgrund von Nichtlinearitäten betriebspunktabhängig verschiedene Übertragungsverhalten. Aus Abbildung 5.5 wird deutlich, dass im hier durchgeführten exemplarischen Fahrmanöver das Übertragungsverhalten eine annähernd konstante Amplitude und annähernd linear abfallende Phase aufweist. Dies entspricht einem reinen Totzeitglied [55], d.h. der Ist-Bandlenkwinkel wird um eine feste Zeitspanne T_t verzögert zum Soll-Bandlenkwinkel gestellt. Zu jedem Zeitpunkt t gilt also:

$$\zeta_{i,\text{Fdbk}}(t) = \zeta_{i,\text{Cmd}}(t - T_t) \qquad\qquad \text{Gl. 5.12}$$

Dem Ziel, dass der Ist-Bandlenkwinkel zu jedem Zeitpunkt gleich dem Wunsch-Bandlenkwinkel wird, kann man sich also nähern, wenn das Sollsignal des Bandlenkwinkels um die Totzeit T_t früher in den Servoregler eingespeist wird. Hierfür ist Kenntnis über den erwarteten Fahrzeugzustand in der Zukunft nötig. Das Prinzip, wie dies durch einen zusätzlichen Simulationsschritt erreicht werden kann, ist in Abbildung 5.12 schematisch dargestellt.

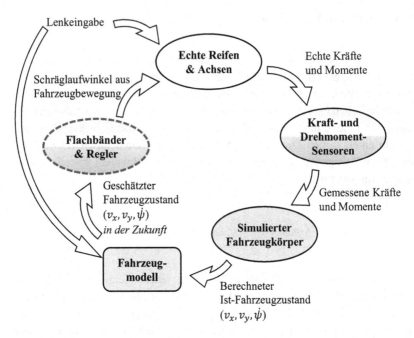

Abbildung 5.12: Funktionsprinzip des Preview-Verfahrens in Anlehnung an Abbildung 2.2.

5.3.1   Methodenbeschreibung

Die Vorhersage zukünftiger Zustandsgrößen ist eine verbreitete Methode im Bereich der modellprädiktiven Regelung. Ist der Eingang eines Reglers totzeitbehaftet, kann der zukünftige Input durch Integration im Zeitbereich vorhergesagt werden [9]. Insbesondere in der industriellen Prozessindustrie finden diese Methoden breite Anwendung [21]. Im Fall des Fahrzeugdynamikprüfstands ist die zu regelnde Größe der Bandlenkwinkel nicht nur von der Systemeingangsgröße „Lenkradwinkel", sondern auch vom Systemverhalten des Fahrzeugs abhängig. Um also die Wunsch-Bandlenkwinkel in der Zukunft zu ermitteln, wird ein Gesamtfahrzeugmodell benötigt, mit dem der Fahrzeugzustand – ausgehend vom aktuellen Zustand und den bekannten Inputs – in der Zukunft geschätzt wird. Dieses Modell muss über eine ausreichende Komplexität verfügen, um wesentliche Fahrzeugeigenschaften abbilden zu können.

Gleichzeitig muss das Modell echtzeitfähig sein, um zur Laufzeit des Prüfstands eingesetzt werden zu können.

Der Ausdruck „Modellprädiktive Regelung" kennzeichnet eine breite Gruppe von Regelungsmethoden, die durch folgende Merkmale gekennzeichnet sind [15, 66]:

- Explizite Verwendung eines Modells, um einen Prozessoutput in der Zukunft vorherzusagen

- Berechnung einer Regelsequenz, um eine Zielfunktion zu minimieren

- Verschiebung des Vorhersagehorizonts in die Zukunft unter Berücksichtigung der ermittelten Steuersignale.

Im hier angewendeten Fall trifft der erste Punkt zu. Der zweite Punkt trifft nicht zu, da durch die Methode selbst keine Regelsequenz erstellt wird, sondern lediglich angepasste Eingangssignale an bestehende Regler übergeben werden. Ebenso trifft der dritte Punkt nicht zu, da zu jedem Zeitschritt nur einmal der Zustand am Ende des Vorhersagehorizonts ausgewertet wird, ohne Berücksichtigung des vorhergesagten Reglerverhaltens.

Daher handelt es sich beim hier entwickelten Verfahren nicht um eine modellprädiktive Regelung im eigentlichen Sinn, sondern um eine modellprädiktive Vorsteuerung (Model Predictive Feed Forward Control, MPFFC). Diese Methode wird in [16] vorgestellt und findet vor allem Anwendung zur Vorhersage von Wasserständen von Flüssen [4, 40, 70]. Mittlerweile wird sie im technischen Bereich auch zur Trajektorienplanung in Fertigungsanlagen [93] sowie zur hochdynamischen Geschwindigkeitssteuerung von Verbrennungsmotorenprüfständen eingesetzt [23].

Als Modell für die Fahrzeugzustands-Vorhersage wird das in Abschnitt 3.2 beschriebene erweiterte Einspurmodell verwendet. Zur Integration in den Prüfstands-Regelkreis gemäß Abbildung 5.12 sind weitere Anpassungen nötig. Insbesondere werden als zusätzliche Zustandsgrößen Lenkwinkel und Lenkwinkelgeschwindigkeit eingeführt. Dadurch kann der Verlauf der Eingangsgröße des Systems während der Vorschau-Simulation prädiziert werden [12, 85].

Pro Abtastintervall T_s bzw. pro Durchlauf des Regelkreises in Abbildung 5.12 muss das Vorschaumodell über mehrere Zeitschritte $T_{s,Prev}$ simuliert werden. Hierbei gilt für das Vorschau-Abtastintervall:

$$T_{s,Prev} = \frac{1}{f_{s,Prev}} \qquad \text{Gl. 5.13}$$

mit der Vorschau-Abtastrate $f_{s,Prev}$. Die Anzahl der durchzuführenden Simulationsschritte n_{Prev} ergibt sich aus dem Vorschauhorizont T_{Prev} zu:

$$n_{Prev} = \frac{T_{Prev}}{T_{s,Prev}} \qquad \text{Gl. 5.14}$$

Dabei entspricht unter Annahme eines reinen Totzeitsystems der Vorschauhorizont T_{Prev} der Totzeit T_t.

Zu jedem Zeitschritt wird das Vorhersagemodell mit den aktuellen Zustandsgrößen des Fahrzeugs initialisiert. Die auf dem HRW gesperrten Größen Schwimmwinkel und Gierrate entsprechen dabei dem berechneten Fahrzeugzustand aus den Bewegungsgleichungen des virtuellen Fahrzeugs. Die übrigen Zustandsgrößen, d.h. Lenkwinkel und Lenkwinkelgeschwindigkeit, Wankwinkel und Wankwinkelgeschwindigkeit sowie Seitenkräfte an Vorder- und Hinterachse sind gemessene Größen des Fahrzeugs auf dem Prüfstand. Durch diese Initialisierung anhand des aktuellen Fahrzeugzustands zu jedem echten Zeitschritt wird verhindert, dass dem Fahrzeug ein reines Modellverhalten aufgezwängt wird.

5.3.2   Simulationsergebnisse

Zur anschaulichen Darstellung der Methode wird zunächst die Funktionsweise bei einem Lenkwinkelsprung betrachtet. Um die prinzipielle Funktionsweise bei vereinfachten Bedingungen darstellen zu können, wird zunächst ein vereinfachtes Lenkaktor-Modell verwendet, das als reines Totzeitglied mit einer Totzeit von T_t modelliert ist. Der Vorschauhorizont wird dementsprechend zu $T_{Prev} = T_t$ gewählt. Abbildung 5.13 zeigt den Zeitverlauf der Lenkwinkeleingabe und der Gierrate für einen Lenkwinkelsprung. Es ist deutlich erkennbar,

wie der geschätzte Fahrzeugzustand in der Zukunft die Fahrzeugreaktion auf
die Lenkwinkelanregung vorhersagt und das Fahrzeug auf dem HRW dieser
Vorhersage folgt. Der Zeitverlauf der Bandlenkwinkel spiegelt dieses Verhalten wider. der Verlauf des Ist-Bandlenkwinkels stimmt mit dem des Wunsch-
Bandlenkwinkels überein. Auf die Darstellung der Bandlenkwinkel wird an
dieser Stelle verzichtet.

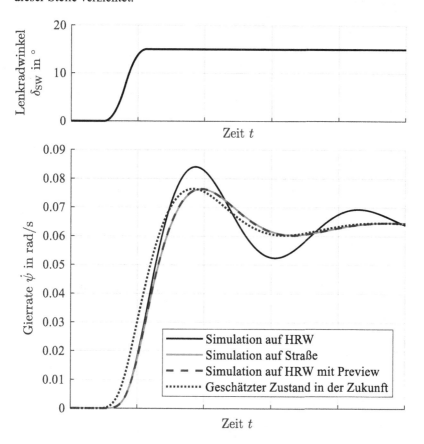

Abbildung 5.13: Zeitverlauf des Lenkwinkels und der Gierrate bei Lenkwinkelsprung, vereinfachtes Lenkaktor-Simulationsmodell als
reines Totzeitglied modelliert

Bei realitätsnäherem Aktorverhalten mit reibungsbehaftetem hydraulischen Aktormodell gemäß Abschnitt 3.2.3 zeigt sich, dass durch diese Kompensationsmethode keine vollständige Kompensation erreicht werden kann. Aus Abbildung 5.14 wird bei Betrachtung der Bandlenkwinkel deutlich, dass der Ist-Bandlenkwinkel dem Wunsch-Bandlenkwinkel bei größeren Anregungen wie dem initialen Auslenken annähernd verzögerungsfrei folgt. In den Umkehrpunkten zeigt sich deutlich der Einfluss der Reibung in den Aktoren.

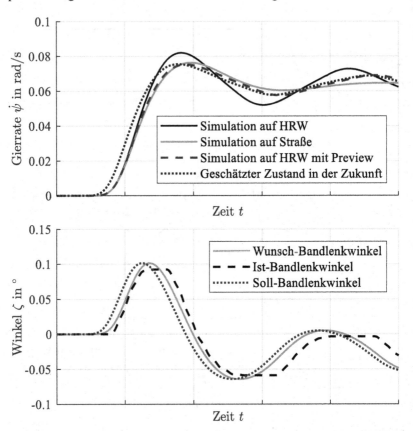

Abbildung 5.14: Zeitverlauf von Gierrate (oben) und Bandlenkwinkel (unten) bei Lenkwinkelsprung. Hydraulisches, reibungsbehaftetes Lenkaktormodell.

Vor allem im Zeitbereich nach dem initialen Auslenken ist ein deutlich größerer Zeitverzug zwischen Soll- und Ist-Bandlenkwinkel zu erkennen. Dies spiegelt das in Abschnitt 4.5 beschriebene nichtlineare Verhalten des Übertragungsverhaltens bei sehr kleinen Bandlenkwinkeln wider. Bezogen auf das Fahrzeugverhalten führen diese Nichtlinearitäten einerseits zu einer leichten Verringerung des Gierüberschwingers, vor allem aber zu deutlich sichtbaren Gierschwingen im Zeitbereich des konstanten Lenkwinkels. Die Amplitude dieser Schwingungen ist jedoch im Vergleich zur Prüfstandssimulation ohne Kompensation etwa um die Hälfte verringert, d.h. die Preview-Kompensation bringt auch in diesem Betriebspunkt eine gewisse Verbesserung.

Dabei ist anzumerken, dass das hier simulierte Manöver des Lenkwinkelsprungs sowohl durch eine hohe Dynamik als auch durch kleine Amplituden der Bandlenkwinkel gekennzeichnet ist. Dies wird bewusst gewählt, um den Ausgleich des totzeitähnlichen Verhaltens im Zeitbereich deutlich darstellen zu können. Durch diese Charakteristik der Anregung treten jedoch die nichtlinearen Effekte des Aktorübertragungsverhaltens wie in Abschnitt 4.5 beschrieben besonders deutlich hervor. Zur Bewertung der Kompensationsmethode werden daher auch Untersuchungen im Frequenzbereich analog zu Abschnitt 5.1.2 und Abschnitt 5.2.2 mit der gleichen stochastischen Lenkanregung durchgeführt.

Die Ergebnisse der Frequenzbereichsuntersuchung sind in Abbildung 5.15 dargestellt. Die Abbildung zeigt das Gierübertragungsverhalten des simulierten Fahrzeugs auf der Straße als Referenz sowie auf dem HRW ohne und mit Preview-Kompensation. Der Vorschauhorizont entspricht in dieser Simulation dem durchschnittlichen Phasenverzug der Lenkaktorübertragungsfunktion im Frequenzbereich bis 3 Hz (vgl. Abbildung 5.5).

Es wird deutlich, dass durch die Preview-Kompensation das Fahrzeugverhalten auf dem HRW deutlich an das Verhalten auf der Straße angenähert werden kann. Die Abweichung im Amplitudengang beträgt im gesamten betrachteten Frequenzbereich bis 5 Hz weniger als 5 %. Eine vollständige Übereinstimmung zwischen Preview-kompensiertem Verhalten auf dem HRW und Straße kann mit dieser Methode nicht erreicht werden, da ihr die Annahme eines rein totzeitbehafteten Aktorverhaltens zugrunde liegt. Wie in Abschnitt 4.5 gezeigt, ist das Aktorverhalten grundsätzlich nichtlinear mit nicht exakt linearem Phasenverlauf.

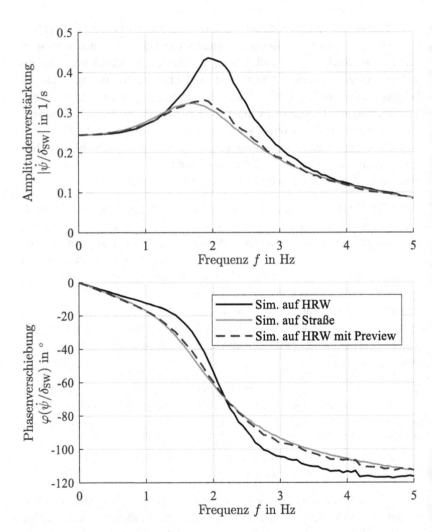

Abbildung 5.15: Gierübertragungsfunktion des simulierten Fahrzeugs auf
dem HRW ohne und mit Preview-Kompensation und auf
der Straße

Mit zusätzlicher Verwendung der virtuellen Kompensation aus Abschnitt 5.2
werden diese Unterschiede weiter minimiert, siehe Abbildung 5.16. Zwar folgt
mit der virtuellen Kompensation auch das Fahrzeugverhalten auf dem HRW
ohne Preview-Kompensation dem Verhalten auf der Straße. Die tatsächlich

auftretenden Kräfte unterscheiden sich jedoch deutlich von denen sowohl auf der Straße als auch auf dem HRW mit Preview-Kompensation. Dies wird in Abbildung 5.17 verdeutlicht. Hier sind die spektralen Leistungsdichten von Seitenkraft bzw. Giermoment dargestellt, die von der virtuellen Kompensation gemäß Gl. 5.8 bis Gl. 5.11 berechnet werden. Da die virtuellen Kompensationskräfte und -momente aus der Differenz von Wunsch- und Ist-Bandlenkwinkel berechnet werden, erlauben sie gleichzeitig eine Aussage über das Übertragungsverhalten von Wunsch- auf Ist-Bandlenkwinkel, wie es in z.B. in Abbildung 5.9 dargestellt ist.

Da die Betrachtung der virtuellen Kompensationskräfte und -momente die kombinierte Auswirkung der Lenkaktor-Übertragungsverhalten an Vorder- und Hinterachse auf das Gesamtfahrzeug beschreibt, eignet sie sich als anschauliche Größe zur Quantifizierung der Qualität der Kompensationsmethoden. Dies gewinnt insbesondere bei der Evaluation der vorgestellten Kompensationsmethoden am realen HRW in Kapitel 6 an Bedeutung. Im Gegensatz zu den in Kapitel 5 durchgeführten Simulationen lassen sich dort nicht einzelne Prüfstandseinflüsse isoliert betrachten. Da in der Realität das Fahrzeugverhalten durch mehrere Einflüsse beeinflusst wird, ist das exakte Referenzfahrzeugverhalten nicht bekannt. Die Bewertung der Kompensationsmethoden durch den Abgleich des Fahrzeugverhaltens analog zu Abbildung 5.15 liefert daher zwar anschauliche Aussagen, aber keine isolierte Bewertung der tatsächlichen Funktion der Kompensationsmethoden.

Die vorgestellten Simulationsergebnisse zeigen, dass die Einflüsse des Aktor-Übertragungsverhaltens auf das auf dem HRW gemessene Fahrzeugverhalten mit dem Preview-Verfahren deutlich reduziert werden können. Nach einmaliger Parametrierung des zur Prädiktion verwendeten Fahrzeugmodells ist es im Gegensatz zur Iterationsmethode aus Abschnitt 5.1 möglich, Manöver in Echtzeit mit beliebigen nichtdeterministischen Lenkwinkeleingaben zu fahren. Im Gegensatz zur ebenfalls modellbasierten virtuellen Kompensationsmethode aus Abschnitt 5.2 findet die Kompensation der Reifenkräfte nicht nur virtuell statt. Durch das verbesserte Aktorverhalten werden auch die Bandlenkwinkel richtig gestellt und damit die richtigen Reifenkräfte erzeugt.

Prinzipbedingt lässt sich mit der Preview-Methode nur das Totzeitverhalten der Aktoren kompensieren. Wie z. B. aus Abbildung 5.9 deutlich wird, ist dieses in den Betriebspunkten der hier untersuchten querdynamischen Messun-

gen der dominierende Effekt. Verbleibende Einflüsse aus dem Verzögerungsverhalten und Reibungseffekten, die durch die virtuelle Kompensation kompensiert werden müssen, sind vergleichsweise klein, wie in Abbildung 5.17
gezeigt wird.

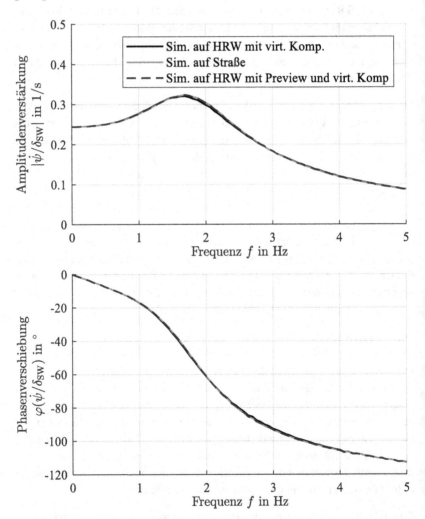

Abbildung 5.16: Gierübertragungsfunktion des simulierten Fahrzeugs auf
dem HRW mit virtueller Kompensation, ohne und mit Preview-Kompensation und auf der Straße

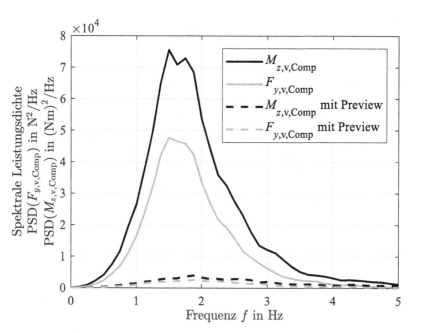

Abbildung 5.17: Spektrale Leistungsdichten der Seitenkräfte und Giermomente der virtuellen Kompensation bei Simulation des Fahrzeugs auf dem HRW ohne und mit Preview-Kompensation

Nachteilig an der Preview-Methode ist der im Vergleich zur virtuellen Kompensation höhere Modellierungs- und Parametrierungsaufwand. Das verwendete Modell muss detailliert genug sein, um das elementare Fahrzeugverhalten im untersuchten Frequenzbereich darstellen zu können. Gleichzeitig muss der Rechenzeitbedarf klein sein, um mit der verfügbaren Hardware zu jedem Zeitschritt mehrere Zeitschritte in die Zukunft rechnen zu können. Zur Parametrierung des Fahrzeugmodells müssen ausreichend valide Messwerte verfügbar sein, die z. B. durch Fahrdynamikmessungen bestimmt werden können. Zudem ist zu beachten, dass sowohl aufgrund des nichtlinearen Fahrzeug- und Prüfstandsverhaltens als auch aufgrund des generell geschwindigkeitsabhängigen Fahrzeugverhaltens die Modellparametrierung nur für einen schmalen Betriebsbereich gültig ist. Eine Erweiterung des gültigen Betriebsbereiches ist durch Implementierung und Parametrierung eines detaillierteren Fahrzeugmodells möglich, was jedoch nicht mehr Teil dieser Arbeit ist.

5.4 Anregungssignal-Überlagerung

Die in den Abschnitten 5.1 bis 5.3 vorgestellten Kompensationsmethoden basieren auf linearen Ansätzen. Die Lenkaktoren weisen jedoch insbesondere bei geringen Anregungsamplituden ein deutlich nichtlineares Verhalten auf, wie in Abschnitt 4.5 gezeigt wird. Ursache hierfür ist hauptsächlich Reibung in den Aktoren, insbesondere Haftreibung in den Umkehrpunkten der Aktoren. Diese Reibungseffekte können durch das Iterations- und das Preview-Verfahren nicht kompensiert werden. Für eine vollständige Kompensation der Lenkaktor-Einflüsse auf das gemessene Fahrzeugverhalten ist es daher nötig, durch weitere Maßnahmen die Einflüsse der Reibung zu minimieren.

Bereits seit den 1950er Jahren existieren Ansätze zur Verringerung von Haftreibung durch hochfrequente Anregungen [25]. Anwendung finden häufig Anregungen senkrecht zur Fläche des Reibkontaktes, die die Normalkraft und damit die Reibungskraft verringern [69]. Da ein großer Teil der Reibung in den Lenkaktoren an den Dichtungen der Hydraulikaktoren auftritt, ist eine solche Anregung hier nicht möglich.

Speziell zur Verringerung von Reibung in hydraulischen oder pneumatischen Aktoren bietet es sich daher an, die Kolben mit Längsschwingungen anzuregen [71]. Die hierbei verwendeten Anregungsfrequenzen betragen üblicherweise mehrere kHz [25] und werden z.B. über Piezoaktoren aufgebracht [71]. Dieses Frequenzspektrum liegt weit über den Spezifikationen des HRW (siehe Anhang A2). Die Installation zusätzlicher Piezoaktoren wäre mit hohem Aufwand verbunden, da sie sich nicht in die bestehenden Aktoren integrieren lassen und eine Neukonstruktion nötig machen würden.

Eine Möglichkeit, die reibungsmindernden Effekte dennoch zu nutzen, liegt in der Überlagerung von Schwingungen in den Regler-Sollsignalen. Diese Methode ist auch als „Dither" bekannt. Im speziellen Fall des HRW muss die Frequenz der Überlagerungsschwingungen innerhalb der Spezifikationen der Aktoren liegen, gleichzeitig aber außerhalb der untersuchten Frequenzbereiche der Fahrzeugdynamik. Für diese Untersuchungen wird eine Frequenz von 8 Hz gewählt. Diese Frequenz liegt deutlich oberhalb des querdynamisch relevanten Frequenzbereiches bis 3 Hz, aber noch unter den Eigenfrequenzen der Radaufhängung.

Den Soll-Bandlenkwinkeln wird hierbei ein sinusförmiges Signal überlagert. Um die Auswirkungen auf das Gesamtfahrzeug möglichst gering zu halten, sind bei der Anwendung auf dem HRW die Signale der linken und der rechten Aktoren um 180° phasenverschoben. Durch sich ändernde Radlasten können trotzdem in geringem Maße summarische Seitenkräfte und Giermomente in das Fahrzeug eingeleitet werden. Da diese Effekte jedoch bei einer festen Frequenz von 8 Hz auftreten, lassen sie sich im Postprocessing leicht identifizieren und durch entsprechende Filterung berücksichtigen. Bei den für diese Arbeit relevanten Manövern und Anwendungsbereichen führt das beschriebene Vorgehen zu den gewünschten Effekten. Es muss jedoch berücksichtigt werden, dass die hier vorgestellte Methode nicht angewendet werden kann, wenn auch höherfrequente Bereiche der Fahrzeugdynamik untersucht werden sollen.

Die Auswirkungen auf das Übertragungsverhalten eines Lenkaktors sind in Abbildung 5.18 dargestellt. Die Kurven ohne Überlagerung entsprechen denen aus Abbildung 4.8. Mit höherfrequenter Überlagerung ist deutlich zu erkennen, dass der Amplitudengang im betrachteten Frequenzbereich annähernd unabhängig von der Amplitude des Sollsignals nahe 1 liegt. Der Phasengang mit Überlagerung nähert sich auch für kleine Anregungen einer Geraden an. Diese Simulationsergebnisse zeigen, dass durch die Sollsignal-Überlagerung (Dither) das Systemverhalten der Aktoren dem idealisierten rein totzeitbehafteten Verhalten angenähert wird. Die Reibungseffekte werden auch im kleinen Amplitudenbereich minimiert und sind nahezu vernachlässigbar.

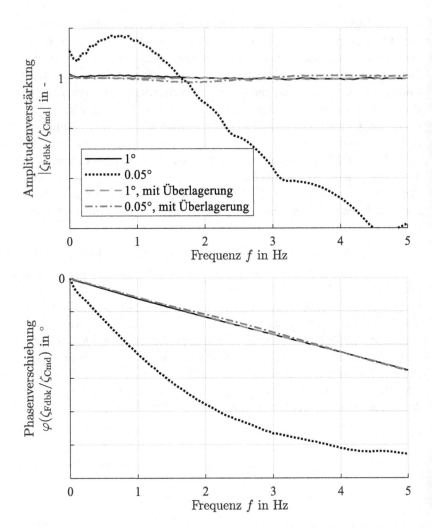

Abbildung 5.18: Simuliertes Übertragungsverhalten eines Bandlenkaktors bei Gleitsinusanregung mit verschiedenen Amplituden des Sollsignals mit und ohne hochfrequenter Überlagerung

5.5 Gesamtkonzept für realitätsnahe Prüfstandsmessungen

In den Abschnitten 5.1 bis 5.4 werden unterschiedliche Ansätze vorgestellt, mit denen die Auswirkungen des Lenkaktor-Übertragungsverhaltens auf die Gesamtfahrzeugdynamik minimiert werden können. Alle tragen dazu bei, das Fahrzeugverhalten auf dem Prüfstand dem realistischen Verhalten auf der Straße anzunähern. Wie in den jeweiligen Abschnitten beschrieben, weisen alle Methoden spezifische Vor- und Nachteile auf: Mit der iterativen Methode können im relevanten Frequenzbereich sehr gute Ergebnisse erzielt werden. Totzeit- und Verzögerungseinflüsse werden nahezu vollständig kompensiert. Abgesehen von reibungsbedingten Abweichungen entspricht der gestellte Bandlenkwinkel dabei dem jeweiligen Fahrzeugzustand, d. h. es werden realistische Kräfte erzeugt. Nachteilig ist der hohe Aufwand, außerdem eignet sich das Verfahren nicht für freie Lenkradeingaben, da mehrmals das exakt gleiche Manöver durchgeführt werden muss.

Die virtuelle Kompensation hat einen geringen Parametrierungsaufwand. Bereits bei Verwendung eines einfachen Reifenmodells mit leicht zu messenden Schräglaufsteifigkeiten werden gute Ergebnisse in Bezug auf das Gesamtfahrzeugverhalten erzielt. Diese Kompensationsmethode berücksichtigt sowohl die Auswirkungen des Totzeit- und Verzögerungsverhaltens als auch die der Reibungseffekte. Bei Verwendung dieser Methode wirken jedoch nicht die realistischen Reifenkräfte.

Im Gegensatz zum Iterationsverfahren ist es mit der Preview-Kompensation möglich, auch Fahrmanöver mit beliebigen Lenkradeingaben durchzuführen, wobei hier die dominierenden Auswirkungen des Totzeitverhaltens kompensiert werden. Dafür ist es jedoch nötig, ein ausreichend detailliertes Gesamtfahrzeugmodell zu parametrieren.

Die Überlagerung der Soll-Lenkwinkelsignale mit höherfrequenten Signalen linearisiert das Lenkaktor-Übertragungsverhalten, indem die Reibung im Kleinsignalbereich kompensiert wird. Dadurch fällt die Phasenverschiebung unabhängig von der Anregungsamplitude annähernd linear über der Frequenz ab. Da die Iterations- und Previewmethode auf linearen Ansätzen basieren und keine Reibungseffekte kompensieren können, wird ihre Performance dadurch verbessert.

Insgesamt können die besten Ergebnisse durch Nutzung der Preview-Methode erreicht werden. Zur Nutzung dieser Methode müssen Modellparameter bestimmt werden. Hierfür können die zuvor genannten Methoden verwendet werden, woraus ein methodisches Gesamtkonzept entsteht, das die Stärken aller vorgestellten Ansätze ausnutzt:

1. Für das zu untersuchende Fahrzeug wird der zu untersuchende Betriebsbereich in Bezug auf Fahrzeuggeschwindigkeit und Querbeschleunigungsbereich festgelegt.

2. Es wird eine Dither-Anregungsfrequenz gewählt, die oberhalb des untersuchten Frequenzbereichs liegt. In allen folgenden Messungen wird dieses Signal den Soll-Bandlenkwinkeln überlagert, um das Übertragungsverhalten der Aktoren zu linearisieren.

3. Mit einfachen Manövern, wie z. B. einer quasistationären Kreisfahrt bei der gewählten Geschwindigkeit, werden die Achssteifigkeiten und der Lenkradwinkelgradient auf dem Prüfstand ermittelt.

4. Mit Kenntnis des Lenkradwinkelgradienten wird ein stochastisches Lenkwinkelsignal erzeugt, das den gewünschten Querbeschleunigungs- und Frequenzbereich abdeckt.

5. Mit den in Schritt 3 ermittelten Achssteifigkeiten wird das Modell zur virtuellen Kompensation parametriert.

6. Mit dem in Schritt 4 erzeugten Lenkwinkelsignal werden mehrere Iterationen des Iterationsverfahrens durchgeführt, bis im untersuchten Frequenzbereich eine ausreichend hohe Übereinstimmung von Wunsch- und Ist-Bandlenkwinkel erreicht wird. Zur Überprüfung dieser Übereinstimmung können entweder die einzelnen Übertragungsfunktionen der Bandlenkaktoren oder die Kompensationskräfte und -momente der virtuellen Kompensation betrachtet werden.

7. Mit den Messergebnissen der letzten Iteration wird ein Parameterfitting des erweiterten Einspurmodells durchgeführt, das für die Preview-Kompensation verwendet wird.

8. Mit dem auf diese Weise parametrierten Modell können unter Nutzung der Preview-Kompensation Messungen mit beliebigen Lenkradeingaben durchgeführt werden. Die virtuelle Kompensation bleibt hierbei aktiv, um einerseits niederfrequente Schwingungen im on-Center-Bereich zu unterbinden (siehe Abschnitt 4.5), andererseits auch, um die Wirksamkeit der Kompensationsmethode durch einfache Analyse der Kompensationskräfte und –momente zu ermöglichen.

Durch diese Methodik wird es erstmalig ermöglicht, ohne die Auswirkungen des Lenkaktor-Übertragungsverhaltens dynamische Fahrmanöver auf dem Fahrzeugdynamikprüfstand durchzuführen. Die vorgestellten Simulationsergebnisse zeigen, dass bei Vernachlässigung übriger Einflussfaktoren das Fahrzeugverhalten auf dem Prüfstand dem auf der Straße gleicht. Zur Validierung der Kompensationsmethoden werden diese am realen HRW implementiert. Diese Validierung wird in Kapitel 6 vorgestellt.

6 Ergebnisse

In diesem Kapitel werden die in Kapitel 5 entwickelten Kompensationsmethoden experimentell evaluiert und ihre Effektivität aufgezeigt. Hierfür werden auch fahrdynamische Straßenmessungen durchgeführt, deren Ergebnisse als Referenz für das Fahrzeugverhalten auf dem HRW herangezogen werden.

6.1 Straßenmessungen

Analog zu den Auswertungen der Fahrzeugdynamik in Kapitel 4 werden als repräsentative Messgrößen die Übertragungsfunktionen der Lenkwinkeleingabe auf die Fahrzeuggierrate und den Hinterachsschwimmwinkel betrachtet, die in Abbildung 6.1 dargestellt sind. Im niedrigen Frequenzbereich unterhalb von 0,2 Hz sind die Messwerte aufgrund geringer Kohärenzen nicht im Frequenzbereich auswertbar. Die Stationärwerte der Gierverstärkung und Schwimmwinkelverstärkung werden aus Abschnitten quasistationärer Kreisfahrten ermittelt. Anhand der Messergebnisse werden die Modellparameter des in Abschnitt 3.2.2 beschriebenen Fahrzeugmodells durch ein Optimierungsverfahren mit Hilfe von Parameterfitting identifiziert. Die entsprechenden Übertragungsfunktionen des Fahrzeugmodells sind ebenfalls in Abbildung 6.1 dargestellt.

Es fällt auf, dass der gemessene Amplitudengang der Gierübertragungsfunktion bis kurz vor dem Maximum annähernd linear über der Frequenz ansteigt. Dieses Verhalten kann mit dem hier verwendeten linearen erweiterten Einspurmodell nicht nachgebildet werden. Modellbedingt steigt die Amplitudenverstärkung zunächst progressiv an. Die Ursache für das Verhalten ist in den aktiven Fahrwerkssystemen zu suchen, die im hier verwendeten Fahrzeugmodell nicht modelliert sind. Dennoch zeigt sich insgesamt eine gute Übereinstimmung zwischen dem parametrierten Modell und den Messergebnissen. Das Fahrzeugmodell ist also im hier betrachteten Frequenzbereich bis 3 Hz grundsätzlich valide und kann für die durchgeführten Untersuchungen verwendet werden.

© Der/die Autor(en), exklusiv lizenziert an
Springer Fachmedien Wiesbaden GmbH, ein Teil von Springer Nature 2024
D. Zeitvogel, *Methodik für die Querdynamik-Evaluation auf einem Fahrzeugdynamikprüfstand*, Wissenschaftliche Reihe Fahrzeugtechnik Universität Stuttgart, https://doi.org/10.1007/978-3-658-44095-4_6

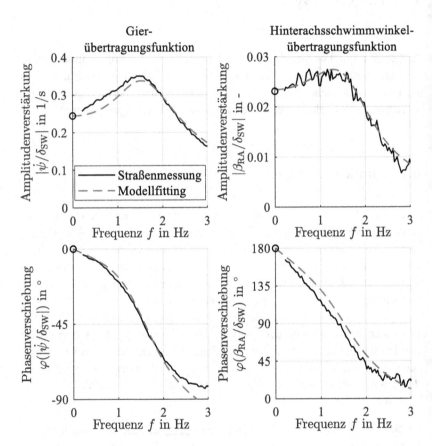

Abbildung 6.1: Gierübertragungsfunktion (links) und Übertragungsfunktion des Hinterachsschwimmwinkels (rechts) des Fahrzeugs auf der Straße sowie anhand der Messungen parametriertes Modell

6.2   Validierung der Aktuator-Kompensationen

Entsprechend der Simulationen in Kapitel 5 werden zur Validierung der Kompensationsmethoden Messungen auf dem HRW durchgeführt und mit den Ergebnissen der Straßenmessungen verglichen. Hierbei wird entsprechend des in Abschnitt 5.5 vorgestellten Gesamtkonzeptes vorgegangen. Zuerst wird die virtuelle Kompensation betrachtet, weil diese bei Anwendung der Iterations- und der Preview-Methode gleichzeitig verwendet wird und unter anderem zur Analyse der Wirksamkeit dieser Kompensationen dient. Die in Abschnitt 5.4 vorgestellte Überlagerung der höherfrequenten Lenkaktorsignale (Dither) wird zur Linearisierung des Lenkaktor-Übertragungsverhaltens verwendet. Ihr Einfluss auf das Gesamtfahrzeugverhalten wird nicht separat betrachtet.

Als Referenz für das gemessene Gesamtfahrzeugverhalten dient das Ergebnis der Straßenmessungen aus Abschnitt 6.1, angepasst um die auf dem HRW erhöhten Achssteifigkeiten (vgl. Abschnitt 4.2). Trotz dieser Anpassung ist jedoch zu beachten, dass aufgrund der weiteren in Kapitel 4 beschriebenen Einflussfaktoren nicht erwartet werden kann, dass die Messergebnisse auf dem Prüfstand mit denen auf der Straße exakt übereinstimmen. Als weiteres Evaluationskriterium werden daher wie in Kapitel 5 vorgestellt sowohl das Übertragungsverhalten von Wunsch- auf Ist-Bandlenkwinkel als auch die Spektren der Kräfte und Momente der virtuellen Kompensation herangezogen. Diese Kriterien bieten den weiteren Vorteil, dass sie auch verwendet werden können, wenn keine Straßenmessungen als Referenz zur Verfügung stehen.

6.2.1 Virtuelle Kompensation

Wie in Kapitel 5.2 beschrieben, werden zur Anwendung der virtuellen Kompensation die Reifen- bzw. Achssteifigkeiten und gegebenenfalls für die dynamische Kompensation die Einlauflängen des Fahrzeugs benötigt. Die Achssteifigkeiten auf dem HRW lassen sich durch Messungen einer stationären Kreisfahrt bestimmen. Hierbei hat die zu kompensierende Aktordynamik keinen Einfluss auf das Fahrzeug.

Abbildung 6.2 zeigt das Gierübertragungsverhalten des Fahrzeugs bei Messungen auf dem HRW ohne Kompensation des Lenkaktor-Übertragungsverhaltens und mit virtueller Kompensation. Die Prüfstandsergebnisse werden verglichen mit dem erwarteten Fahrzeugverhalten basierend auf Straßenmessungen. Dieses erwartete Fahrzeugverhalten resultiert aus dem parametrierten Fahrzeugmodell aus Abschnitt 6.1, dessen Achssteifigkeiten wie in Abschnitt 4.2 angepasst werden.

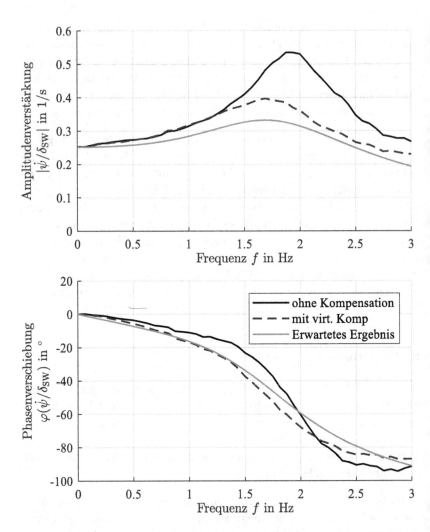

Abbildung 6.2: Gierübertragungsfunktion des Fahrzeugs auf dem HRW mit und ohne virtueller Kompensation

Die auf dem HRW gemessene stationäre Gierverstärkung entspricht prinzipbedingt dem erwarteten Ergebnis, da die Achssteifigkeiten des erweiterten Einspurmodells auf diesen Wert angepasst werden. Im gesamten betrachteten Frequenzbereich, insbesondere im Bereich zwischen 1,5 Hz und 2,5 Hz, lässt sich grundsätzlich das in Abschnitt 5.2.2 beschriebene Verhalten erkennen.

Ohne Kompensation tritt eine signifikante Gierüberhöhung auf, das Maximum der Gierverstärkung liegt ca. 60 % über dem erwarteten Maximum und tritt bei einer höheren Frequenz auf. Mit virtueller Kompensation liegt die Amplitude des Gierverstärkungsmaximums noch ca. 20 % über dem erwarteten Wert, die Giereigenfrequenz entspricht dem erwarteten Wert.

Verbleibende Unterschiede zu den erwarteten Ergebnissen können erklärt werden durch weitere, nicht kompensierte Einflussfaktoren (siehe Kapitel 4) sowie durch die rein virtuelle Berücksichtigung der Kompensationskräfte (siehe Abschnitt 5.2). Insgesamt wird durch die virtuelle Kompensation aber eine deutliche Verringerung der Auswirkungen des Aktor-Übertragungsverhaltens erreicht. Die grundsätzliche Wirksamkeit dieser Kompensationsmethode ist eindeutig ersichtlich. Daher wird sie in den folgenden Untersuchungen zusätzlich zur Iterations- und Previewmethode angewendet.

6.2.2 Iterationsverfahren

In diesem Kapitel werden die Messergebnisse des Iterationsverfahrens vorgestellt und diskutiert. Wie in Abschnitt 6.2.1 beschrieben, ist die virtuelle Kompensation mit einfachem Reifenmodell bei allen Messungen aktiv. Abbildung 6.3 oben zeigt analog zu Abbildung 5.6 einen Ausschnitt des Zeitverlaufs von Wunsch- und Ist-Bandlenkwinkel sowie die daraus berechnete Reglerabweichung bei der initialen Messung. Der Zusatzbandlenkwinkel für die folgende Iteration, der gemäß Gl. 5.2 und Gl. 5.3 berechnet wird, ist ebenfalls abgebildet. Die dargestellten Signale sind mit einem phasenfreien 4 Hz-Filter tiefpassgefiltert. Dadurch werden Einflüsse von Messrauschen, Dither und weiteren Prüfstandseffekten wie Schwingungen aufgrund der Einspannungselastizität (siehe Abschnitt 4.4.4) nicht abgebildet, was die Analyse im untersuchten querdynamisch relevanten Frequenzbereich bis 3 Hz vereinfacht.

Die entsprechenden Zeitverläufe des ersten Iterationsdurchgangs sind in Abbildung 6.3 unten dargestellt. Die beobachteten Effekte entsprechen denen der simulativen Untersuchung: Der Zeitverzug zwischen Wunsch- und Ist-Bandlenkwinkel verringert sich deutlich. Es sind aber auch durch das veränderte Prüfstandsverhalten Änderungen der Sollwerte erkennbar, die weitere Iterationen nötig machen.

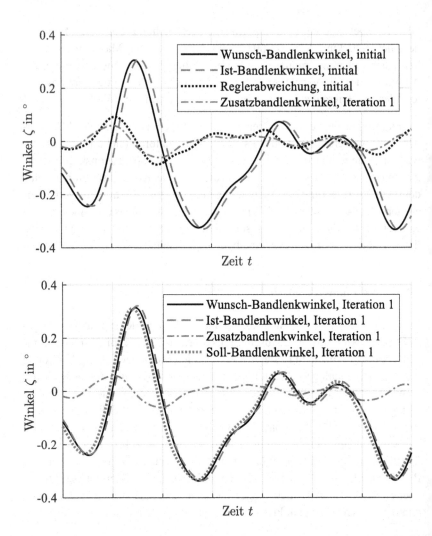

Abbildung 6.3: Ausschnitt des Zeitverlaufs der Bandlenkwinkel vorne links bei initialer Messung (oben) und erstem Iterationsschritt (unten)

Das Übertragungsverhalten der Bandlenkaktoren verbessert sich wie bei den Simulationen mit zunehmender Iterationsanzahl, siehe Abbildung 6.4. Bereits beim zweiten Iterationsdurchgang ist das Übertragungsverhalten bis 2 Hz annähernd phasenfrei, nach vier Iterationen im gesamten relevanten Frequenzbereich. Im Gegensatz zu den Ergebnissen der Simulationen in Abschnitt 5.1.2 ist nur ein geringer Anstieg der Amplitudenverstärkung im höherfrequenten Bereich zu beobachten. Dies ist auf den in den Messungen angewendeten Dither (vgl. Abschnitt 5.4) zurückzuführen, der Nichtlinearitäten im Übertragungsverhalten verringert und dadurch die Performance der linearen Iterationsmethode verbessert.

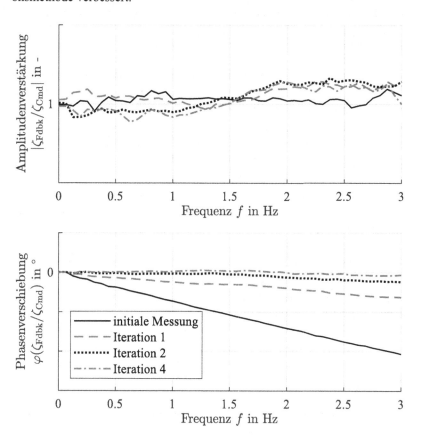

Abbildung 6.4: Übertragungsfunktion von Wunsch- auf Ist-Bandlenkwinkel vorne links bei mehreren Iterationsdurchgängen

Die Auswirkung auf das Gesamtfahrzeugverhalten ist in Abbildung 6.5 dargestellt. Die Abbildung zeigt das Gierübertragungsverhalten des Fahrzeugs bei mehreren Iterationsdurchgängen auf dem HRW im Vergleich mit dem erwarteten Fahrzeugverhalten basierend auf Straßenmessungen. Bei der initialen Messung liegt die Amplitudenverstärkung der Gierübertragungsfunktion, wie bereits in Abschnitt 6.2.1 besprochen, im gesamten betrachteten Frequenzbereich über der erwarteten Kurve. Mit zunehmender Iterationszahl verringert sich die Amplitudenverstärkung zunächst. Ab der vierten Iteration ist keine nennenswerte Änderung mehr zu beobachten, weshalb keine weiteren Iterationen durchgeführt werden. Der Unterschied der Gierüberhöhung beträgt bei den Ergebnissen der finalen Iteration 16 % verglichen mit dem erwarteten Wert.

Wie bereits in Abschnitt 6.2.1 beobachtet, bestehen weiterhin Unterschiede im Gierübertragungsverhalten zwischen den Messungen auf dem HRW und den erwarteten Ergebnissen. Wie in Abbildung 6.4 dargestellt ist, wurde durch die Iterationen das Übertragungsverhalten der Lenkaktoren jedoch so weit verbessert, dass dieser Einfluss auf das Fahrzeugverhalten vernachlässigt werden kann. Dieser Sachverhalt wird auch in Abbildung 6.6 deutlich. Hier sind die spektralen Leistungsdichten der Seitenkraft und des Giermoments dargestellt, die von der virtuellen Kompensation auf den virtuellen Fahrzeugkörper aufgebracht werden. Diese werden verschwindend gering. Es kann also davon ausgegangen werden, dass tatsächlich die dem Fahrzeugzustand entsprechenden Bandlenkwinkel gestellt werden und realistische Reifenkräfte verzögerungsfrei wirken. Die Ursachen für die beschriebenen Unterschiede im Gesamtfahrzeugverhalten sind also an anderer Stelle zu suchen. Ein offensichtlicher Ansatzpunkt ist der Einfluss der Einspannungselastizität. Wie in Abschnitt 4.4.4 beschrieben wird, sorgt dieser Einfluss für eine Erhöhung der Gierverstärkung vor allem bei höheren Frequenzen, beeinflusst aber auch den Bereich der Giereigenfrequenz von hier ca. 1,7 Hz. Wie in Abschnitt 4.4.4 erwähnt, können sich trotz Anwendung des beschleunigungsbasierten Kompensationsverfahrens in der realen Anwendung auf dem HRW erkennbare Einflüsse der Einspannungselastizität zeigen. Insbesondere bei steif ausgelegten Fahrzeugen wie dem hier verwendeten ist dieser Effekt deutlich ausgeprägt. Zusammen mit dem Hersteller werden weitere Verbesserungen dieser Kompensation erarbeitet, die jedoch nicht Inhalt der vorliegenden Arbeit sind.

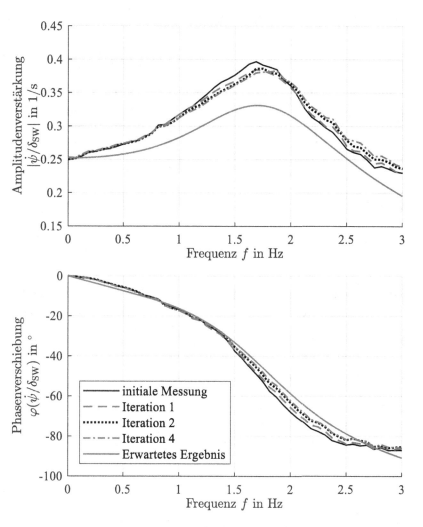

Abbildung 6.5: Gierübertragungsfunktion des Fahrzeugs bei mehreren Iterationen auf dem HRW und erwartetes Modellverhalten mit angepassten Achssteifigkeiten

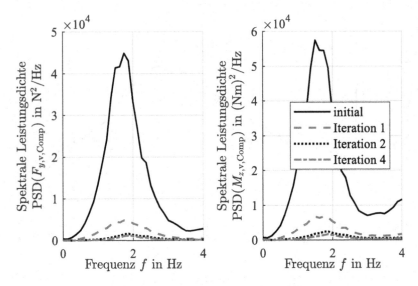

Abbildung 6.6: Spektrale Leistungsdichten der Seitenkräfte und Giermomente der virtuellen Kompensation bei Messung auf dem HRW bei mehreren Iterationsdurchgängen

6.2.3 Preview-Verfahren

Das Fahrzeugmodell für das Preview-Verfahren wird anhand der letzten Iteration aus Abschnitt 6.2.2 parametriert. Bei den Messungen ist wie beschrieben weiterhin die virtuelle Kompensation aktiv. Für die virtuelle Kompensation wird hierbei sowohl das einfache lineare Modell (Gl. 5.8) als auch das dynamische Modell (Gl. 5.9) verwendet. Dies ist jetzt möglich, da bei der Parametrierung des Fahrzeugmodells auch die Achs-Einlauflängen bestimmt werden. Abbildung 6.7 zeigt das Gierübertragungsverhalten des Fahrzeugs auf dem HRW mit Anwendung des Preview-Verfahrens und Nutzung der virtuellen Kompensation. Zum Vergleich mit den vorherigen Messungen sind auch das Ergebnis der finalen Iterationsmessung und das erwartete Ergebnis basierend auf Straßenmessungen abgebildet. Das Ergebnis der finalen Iterationsmessung dient hierbei als Referenz für das Fahrzeugverhalten auf dem HRW mit annähernd idealem Lenkaktorverhalten. Die im Iterationsverfahren berechneten Korrektur-Bandlenkwinkel werden in den Simulationen mit dem Preview-Verfahren nicht verwendet.

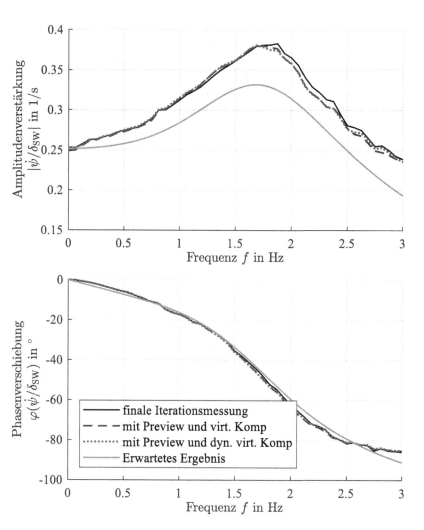

Abbildung 6.7: Gierübertragungsfunktion des Fahrzeugs mit Vorschau-Kompensation im Vergleich zum Ergebnis des iterativen Verfahrens

Es ist deutlich zu sehen, dass das Gierübertragungsverhalten mit Preview-Kompensation sowohl mit einfacher als auch mit dynamischer virtueller Kompensation nur unwesentlich von den Ergebnissen des Iterationsverfahrens abweicht. Da das Ergebnis der Iterationsmessung als Referenz-Fahrzeugverhalten mit annähernd idealen Bandlenkaktoren angesehen werden kann, verdeutlicht dies die Funktionsfähigkeit des Preview-Verfahrens. Dies ist auch im Übertragungsverhaltens der Bandlenkaktoren zu erkennen. In Abbildung 6.8 ist das Übertragungsverhalten für den Bandlenkaktor vorne links dargestellt. Das totzeitähnliche Verhalten, verdeutlicht durch die linear abfallende Phasenverschiebung, wird kompensiert. Der Amplitudengang zeigt noch eine geringe, aber annähernd konstante Abweichung vom Sollwert 1.

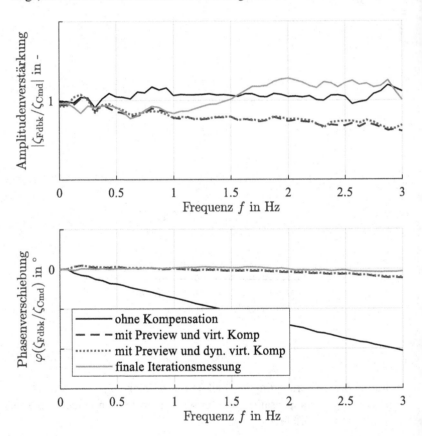

Abbildung 6.8: Übertragungsfunktion von Wunsch- auf Ist-Bandlenkwinkel vorne links mit Preview-Verfahren im Vergleich zum Ergebnis des iterativen Verfahrens und ohne Kompensation

Im Vergleich dazu zeigt der Amplitudengang der finalen Iterationsmessung ähnlich große, aber über die Frequenz veränderliche Abweichungen. Um eine Bewertung der Kompensationsverfahren zu vereinfachen, bei der die Übertragungsverhalten aller vier Bandlenkaktoren berücksichtigt werden, werden wie in Abschnitt 6.2.2 die verbliebenen Kräfte und Momente der virtuellen Kompensation betrachtet. Deren spektrale Leistungsdichten sind in Abbildung 6.9 dargestellt. Die sehr geringen verbleibenden Kompensationskräfte und -momente der finalen Iterationsmessung (siehe auch Abbildung 6.6) werden bei Anwendung des Preview-Verfahrens nochmals verringert. Dies verdeutlicht, dass durch das Preview-Verfahren die tatsächlich gestellten Bandlenkwinkel den Wunsch-Bandlenkwinkeln, d. h. dem Fahrzeugzustand, entsprechen.

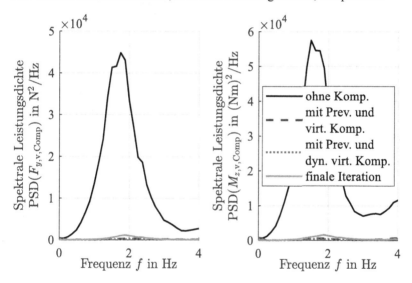

Abbildung 6.9: spektrale Leistungsdichten der Seitenkräfte und Giermomente der virtuellen Kompensation bei Messung auf dem HRW mit Preview-Kompensation

Diese exemplarischen Betrachtungen zeigen anschaulich, dass durch Anwendung aller vorgestellten Kompensationsmethoden der Einfluss des Lenkaktor-Übertragungsverhaltens auf das Fahrzeugverhalten wirksam kompensieren lässt. Durch diese Kompensationsmethoden kann das in Kapitel 1 formulierte übergeordnete Ziel erreicht werden, die Vergleichbarkeit der Fahrzeugverhaltens bei Prüfstands- und Straßenmessungen zu erhöhen.

7 Schlussfolgerung und Ausblick

Im Rahmen dieser Arbeit werden Methoden entwickelt, welche die Vergleichbarkeit von Fahrdynamikmessungen auf dem Stuttgarter Fahrzeugdynamikprüfstand mit entsprechenden Messungen auf der Straße erhöhen. Hierfür werden zunächst anhand analytischer und simulativer Untersuchungen prüfstandsspezifische Einflussfaktoren identifiziert und ihre Auswirkungen auf das Fahrzeugverhalten quantifiziert. Der Fokus der Untersuchungen liegt dabei in der Fahrzeugquerdynamik im linearen Bereich bei konstanter Geschwindigkeit. Als wesentlicher Einflussfaktor auf das querdynamische Fahrzeugverhalten wird das Übertragungsverhalten der hydraulischen Bandlenkaktoren des Prüfstands ermittelt. Dieses ist vor allem gekennzeichnet durch ein signifikantes Verzögerungsverhalten, das in weiten Teilen des relevanten Anregungsspektrums einem Totzeitverhalten ähnelt. Zudem weist es eine ausgeprägte Abhängigkeit von der Anregungsamplitude auf. Der Grund für dieses nichtlineare Verhalten liegt hauptsächlich in der Reibung der hydraulischen Aktoren begründet.

Zur Kompensation der nachteiligen Auswirkung des Aktuatorverhaltens werden drei Methoden entwickelt, die auf verschiedenen Ansätzen basieren und zu einem Gesamtkonzept kombiniert werden können. Zusätzlich werden die Nichtlinearitäten des Lenkaktor-Übertragungsverhaltens durch eine Überlagerung eines hochfrequenten Anregungssignals (Dither) verringert. Dies ermöglicht es, lineare Ansätze für die neu entwickelten Methoden zu verwenden. Bei der ersten vorgestellten Methode, dem „Iterationsverfahren", werden Ansätze aus der Literatur auf den besonderen Anwendungsfall des Fahrzeugdynamikprüfstands erweitert. Durch Kenntnis des Lenkaktor-Übertragungsverhaltens wird dabei das Soll-Signal so verändert, dass der gestellte Bandlenkwinkel dem Fahrzeugzustand entspricht. Aus systemdynamischen Stabilitätsgründen ist dies nicht während der Messung, sondern nur im Post-Processing möglich. Es müssen also mehrere Iterationen des gleichen Fahrmanövers durchgeführt werden. Bei der zweiten vorgestellten Kompensationsmethode werden modellbasiert auf Grundlage der Achssteifigkeiten des Fahrzeugs und der Reglerabweichung des Prüfstands Kompensationskräfte berechnet, die dann in der Prüfstandsregelung berücksichtigt werden. Da hier nicht das Aktor-Übertragungsverhalten selbst, sondern nur die Auswirkungen auf den virtuellen Fahrzeugzustand korrigiert werden, wird die Kompensationsmethode als „virtuelle

D. Zeitvogel, *Methodik für die Querdynamik-Evaluation auf einem
Fahrzeugdynamikprüfstand*, Wissenschaftliche Reihe Fahrzeugtechnik
Universität Stuttgart, https://doi.org/10.1007/978-3-658-44095-4_7

Kompensation" bezeichnet. Die dritte vorgestellte Methode, das „Preview-Verfahren", basiert auf einer modellprädiktiven Vorsteuerung. Dabei wird zu jedem Zeitschritt anhand eines Fahrzeugmodells der zukünftige Fahrzeugzustand geschätzt. Der Vorschauhorizont entspricht dabei der beobachteten Totzeit der Lenkaktoren. Dadurch wird es möglich, die Sollsignale der Lenkaktoren entsprechend früher zu stellen und den Totzeiteinfluss zu kompensieren.

Die in Kapitel 5 vorgestellten Ergebnisse zeigen anhand von Simulationen die Wirksamkeit aller drei vorgestellten Kompensationsmethoden. Jede Methode weist ihre eigenen Vor- und Nachteile auf. Daher wird ein Konzept vorgestellt, durch das sich die drei Methoden ergänzen. In diesem Konzept werden die Vorteile der Methoden ausgenutzt und die Nachteile durch die jeweils anderen Methoden verringert. Zur Evaluation der Wirksamkeit wird dieses Konzept auf dem HRW anhand von realen Fahrzeugmessungen angewendet. Die in Kapitel 6 präsentierten Messergebnisse bestätigen die in den Simulationen ermittelte Wirksamkeit aller vorgestellten Kompensationsmethoden. Dadurch wird es erstmals möglich, Untersuchungen des querdynamischen Fahrverhaltens auf dem HRW ohne den verfälschenden Einfluss des Lenkaktor-Übertragungsverhaltens durchzuführen. Dies erhöht die Vergleichbarkeit zwischen Messungen auf dem Prüfstand und auf der Straße signifikant, wodurch aussagekräftigere Messungen möglich werden und der Anwendungsbereich des HRW erweitert werden kann.

Die Ergebnisse zeigen aber auch, dass weiterhin Unterschiede des Fahrzeugverhaltens auf dem Prüfstand im Vergleich zum Fahrzeugverhalten auf der Straße bestehen. Die Untersuchungen in Kapitel 4 bieten hier weitere Ansatzpunkte, die in zukünftigen Arbeiten näher beleuchtet werden können. Insbesondere die Schwingungen, die durch die Einspannungselastizität hervorgerufen werden, haben das Potential, die hier beobachteten Unterschiede hervorzurufen. Die Erfahrung zeigt, dass vor allem steif ausgelegte Fahrzeuge auf diesen Einfluss empfindlich reagieren.

Der Einfluss der zusätzlichen Wankdämpfung durch die vertikalen CGR-Aktoren kann bei Fahrzeugen mit geringerer Wankdämpfung des Fahrwerks eine deutlichere Auswirkung auf das Wankverhalten haben. In diesen Fällen bietet sich die weitere Untersuchung dieses Einflussfaktors an. Die Ursache für die zusätzliche Wankdämpfung liegt im Übertragungsverhalten der CGR-Aktoren. Daher ist eine Kompensation analog zu den in dieser Arbeit entwickelten

Kompensationsmethoden denkbar. Insbesondere eine Erweiterung des Iterations- und des Preview-Verfahrens zur Verringerung des gestellten Wankmomentes ist naheliegend und kann in künftigen Projekten implementiert werden. Um die in Abschnitt 4.2 vorgestellten Einflüsse des veränderten Reifen-Fahrbahn-Kontaktes näher untersuchen zu können, ist detaillierte Kenntnis über das Reifenverhalten nötig. Um dieses zu ermitteln, wird entsprechende Messtechnik benötigt. Hierfür werden bereits Erweiterungen des Prüfstands entwickelt, um präzise Reifenkraftmessungen zu ermöglichen. Damit verbunden ist auch die Entwicklung neuer Sensorik und Messmethoden, um den Betriebszustand der Reifen sowohl während der Prüfstandsmessungen als auch während Messungen auf der Straße überwachen zu können.

Zudem ist zu beachten, dass aktive Systeme, wie sie in modernen Fahrzeugen zunehmend zum Einsatz kommen, das Fahrzeugverhalten auf dem Prüfstand erheblich beeinflussen können. Beispiele hierfür sind Hinterachslenkungen und aktive Fahrwerke mit aktiven Wankstabilisatoren und Luftfedern. Ist deren Verhalten nicht bekannt, kann die Wirksamkeit der hier vorgestellten Kompensationsmethoden sinken. In diesem Fall müsste für die modellbasierten Ansätze, insbesondere die Preview-Kompensation, das verwendete Fahrzeugmodell entsprechend um die aktiven Systeme erweitert und das Systemverhalten identifiziert werden. Die Untersuchung dieser fahrzeugerzeugten Nichtlinearitäten ist ein weiterer Schwerpunkt künftiger Untersuchungen.

Literaturverzeichnis

[1] Ahlert, A.: Ein modellbasiertes Regelungskonzept für einen Gesamtfahr-zeug-Dynamikprüfstand, Wiesbaden: Springer Fachmedien Wiesbaden, 2020.

[2] Ahlert, A.; Fridrich, A.; Krantz, W.; Neubeck, J.: Development and validation of a real-time capable vehicle dynamics simulation environment for road and test bench applications, IJVSMT, Jg. 15, Nr. 4, S. 222, 2021.

[3] Ahlert, A.; Zeitvogel, D.; Neubeck, J.; Krantz, W.; Wiedemann, J.; Boone, F.; Orange, R.: Next generation 3D vehicle dynamics test system – Software and control concept. In: 18th Stuttgart International Symposium Automotive and Engine Technology, Stuttgart, 2018.

[4] Amann, K.-U.; Arnold, E.; Sawodny, O.: Online real-time Scheduled Model Predictive Feedforward Control for impounded River Reaches applied to the Moselle River. In: 2016 IEEE International Conference on Automation Science and Engineering (CASE), Piscataway, NJ: IEEE, 2016.

[5] Angrick, C.: Subsystemmethodik für die Auslegung des niederfrequenten Schwingungskomforts von PKW. Dissertation, Technische Universität Dresden, Dresden, 2017.

[6] Angrick, C.; van Putten, S.; Prokop, G.: Influence of Tire Core and Surface Temperature on Lateral Tire Characteristics, SAE Int. J. Passeng. Cars - Mech. Syst., Jg. 7, Nr. 2, S. 468–481, 2014.

[7] Anser, F.: Gesamtfahrzeug- und Komponentenprüfsände im wissenschaftlichen Kontext. Bachelorarbeit, Universität Stuttgart, 2021.

[8] Augustin, M.: Entwicklung einer Mess-, Steuer- und Regel-Einrichtung für einen Reifenprüfstand zur Durchführung realer Messprozeduren in Echtzeit, Aachen: Shaker, 2002.

[9] Baran, E. A.; Sabanovic, A.: Predictive Input Delay Compensation for Motion Control Systems. In: 2012 12th IEEE International Workshop on Advanced Motion Control (AMC), Sarajevo, Bosnia and Herzegovina, 2012, S. 1–6.

[10] Bergmann, A.: Adaptierung eines Simulink 5-Massen-Modells und Vergleich mit dynamischen Messungen auf dem Fahrzeugdynamikprüfstand. Masterarbeit, Universität Stuttgart, 2021.

© Der/die Herausgeber bzw. der/die Autor(en), exklusiv lizenziert an Springer Fachmedien Wiesbaden GmbH, ein Teil von Springer Nature 2024
D. Zeitvogel, *Methodik für die Querdynamik-Evaluation auf einem Fahrzeugdynamikprüfstand*, Wissenschaftliche Reihe Fahrzeugtechnik Universität Stuttgart, https://doi.org/10.1007/978-3-658-44095-4

[11] Böhm, F.: Zur Mechanik des Luftreifens. Habilitationsschrift, Universität Stuttgart, Stuttgart, 1966.

[12] Brems, W.: Querdynamische Eigenschaftsbewertung in einem Fahrsimulator, Wiesbaden, Heidelberg: Springer Vieweg, 2018.

[13] Burgbacher, J.: Sensitivitätsanalyse zum Einfluss von Messfehlern auf die Regelung eines Fahrzeugdynamikprüfstands. Bachelorarbeit, Universität Stuttgart, 2016.

[14] Büttner, K.; Stoller, A.; Prokop, G.: Methodological approaches for the development of a test facility to represent system dynamic aspects in automotive engineering. In: 15. Internationales Stuttgarter Symposium, 2015, S. 183–201.

[15] Camacho, E. F.; Bordons, C.: Model predictive control, 3. Aufl., London: Springer, 2002.

[16] Carrasco, D. S.; Goodwin, G. C.: Feedforward model predictive control, Annual Reviews in Control, Jg. 35, Nr. 2, S. 199–206, 2011.

[17] Carrillo Vásquez, C. H.; Eckstein, L.: TIRE TECHNOLOGY AND TRENDS – Increasing the accuracy of tire performance in vehicle dynamics simulations using tire models parameterized with real road test data. In: 7th International Munich Chassis Symposium 2016, 2016.

[18] Cossalter, V.: Motorcycle dynamics, 2. Aufl., Lexington, KY: Lulu, 2010.

[19] Deuschl, M.: Gestaltung eines Prüffelds für die Fahrwerksentwicklung unter Berücksichtigung der virtuellen Produktentwicklung. Dissertation, Fakultät für Maschinenwesen, TU München, München, 2006.

[20] DIN ISO 7401:1988, Testverfahren für querdynamisches Übertragungsverhalten.

[21] Dittmar, R.; Pfeiffer, B.-M.: Modellbasierte prädiktive Regelung in der industriellen Praxis (Industrial Application of Model Predictive Control), at - Automatisierungstechnik, Jg. 54, Nr. 12, S. 590–601, 2006.

[22] Einsle, S.: Analyse und Modellierung des Reifenübertragungsverhaltens bei transienten und extremen Fahrmanövern. Dissertation, Technische Universität Dresden, Dresden, 2010.

[23] Erdogan, D.; Jakubek, S.; Mayr, C.; Hametner, C.: Model Predictive Feedforward Control for High-Dynamic Speed Control of Combustion Engine Test Beds, IEEE Open J. Ind. Applicat., Jg. 2, S. 82–92, 2021.

[24] FMVSS 126: Federal Motor Vehicle Safety Standards: Electronic Stability Control Systems, Controls and Displays.

[25] Fridman, H. D.; Levesque, P.: Reduction of Static Friction by Sonic Vibrations, Journal of Applied Physics, Jg. 30, Nr. 10, S. 1572–1575, 1959.

[26] Gnadler, R.; Huinink, H.; Frey, M.; Mundl, R.; Sommer, J.; Unrau, H.-J.; Wies, B.: Kraftschluss messungen auf Schnee mit dem Reifen-Innentrommel-Prüfstand, ATZ - Automobiltechnische Zeitschrift, Jg. 107, Nr. 3, S. 198–207, 2005.

[27] Hafner, A.; Sonka, A.; Henze, R.; Küçükay, F.: Integration of the real measurement data into the DVRS. In: 7th International Munich Chassis Symposium 2016, 2016, S. 383–398.

[28] Haken, K.-L.: Konzeption und Anwendung eines Messfahrzeugs zur Ermittlung von Reifenkennfeldern auf öffentlichen Strassen, Stuttgart: IVK, 1993.

[29] Han, F.; Xiong, F.; Yi, P.; Shi, T.: Axial Motion of Flat Belt Induced by Angular Misalignment of Rollers, Proceedings of the IEEE International Conference on Mechatronics and Automation, S. 3298–3303, 2009.

[30] Heißing, B.; Schimmel, C.: Fahrverhalten: Beurteilung des Fahrverhaltens. In: ATZ/MTZ-Fachbuch, Fahrwerkhandbuch: Grundlagen, Fahrdynamik, Fahrverhalten, Komponenten, elektronische Systeme, Fahrerassistenz, autonomes Fahren, Perspektiven, M. Ersoy und S. Gies, Hg., 5 Aufl., Wiesbaden: Springer Vieweg, 2017.

[31] Helbing, M.; Bäker, B.; Schiffer, S.: Electrified powertrain design of road vehicles: New evaluation framework. In: ESARS-ITEC International Conference on Electrical Systems for Aircraft, Railway, Ship Propulsion and Road Vehicles & International Transportation Electrification Conference: 2nd-4th November 2016, Toulouse, France, 2016, S. 1–6.

[32] Henze, R.: Prüfstandsausstattung und Experimentelle Forschung am Niedersächsischen Forschungszentrum Fahrzeugtechnik (NFF), Test Facility Forum 2010, Braunschweig, 2010.

[33] Holdmann, P.; Köhn, P.; Möller, B.: Suspension Kinematics and Compliance - Measuring and Simulation. In: International Congress & Exposition, 1998.

[34] Huchtkötter, P.; Neubeck, J.; Wagner, A.: Analysis of Brake-Drag in Disc Brakes on Vehicle-Level. In: 23. Internationales Stuttgarter Symposium, 2023, S. 140–155.

[35] Huneke, M.: Fahrverhaltensbewertung mit anwendungsspezifischen Fahrdynamikmodellen, Aachen: Shaker, 2012.

[36] ISO 13674-1:2010, Road vehicles - Test method for the quantification of on-centre handling - Part 1: Weave test.

[37] ISO 3338-1:1999, Passenger Cars - Test track for a severe lane-change manoeuvre - Part 1: Double lane-change.

[38] ISO 4138:2012, Passenger Cars - Steady-state circular driving behaviour - Open-loop test methods.

[39] Kapp, P.: Adaptierung eines Simulink 5-Massen-Modells und Vergleich mit dynamischen Messungen auf dem Fahrzeugdynamikprüfstand. Studienarbeit, Universität Stuttgart, 2021.

[40] Kasper, J.: Entscheidungsunterstützung bei Starkregen für die Abfluss- und Stauregelung am Neckar. In: Hydraulik der Wasserbauwerke – Neues aus Praxis und Forschung, Karlsruhe, 2019, S. 85–90.

[41] Klempau, F.: Untersuchungen zum Aufbau eines Reibwertvorhersagesystems im fahrenden Fahrzeug. Dissertation, TU Darmstadt, Darmstadt, 2004.

[42] Kobetz, C.: Modellbasierte Fahrdynamikanalyse durch ein an Fahrmanövern parameteridentifiziertes querdynamisches Simulationsmodell. Dissertation, Institut für Mechanik, Technische Universität Wien, Wien, 2003.

[43] Kollmann, F. G.; Angert, R.; Schösser, T. F.: Praktische Maschinenakustik, Berlin Heidelberg New York: Springer, 2006.

[44] Kortüm, W.; Lugner, P.: Systemdynamik und Regelung von Fahrzeugen: Einführung und Beispiele, Berlin, Heidelberg, New York: Springer, 1994.

[45] Krantz, W.: An Advanced Approach for Predicting and Assessing the Driver's Response to Natural Crosswind. Dissertation, Renningen: Expert-Verlag, 2012.

[46] Krantz, W.: Näherungsmodell zur Simulation der Lenkaktor-Dynamik. Internes Dokument, Institut für Fahrzeugtechnik Stuttgart, Universität Stuttgart, 2022.

[47] KW automotive GmbH: 7-Stempel Fahrdynamikprüfstand, Fichtenberg, 2009.

[48] Langer, W.: Validation of Flat Surface Roadway Technology, SAE Technical Paper, Nr. 950310, 1995.

[49] Langer, W.: Vehicle Testing with Flat Surface Roadway Technology, SAE Technical Paper, Nr. 960731, 1996.

[50] Langer, W.; Ballard, R.: Development and Use of Laboratory Flat Surface Roadway Technology, SAE Technical Paper, Nr. 930834, 1993.

[51] Leister, G.: Fahrzeugräder - Fahrzeugreifen: Entwicklung-Herstellung-Anwendung, 2. Aufl., Wiesbaden: Springer Vieweg, 2015.

[52] Liu, C.; Zhou, J.; Gerhard, A.; Kubenz, J.; Prokop, G.: Characterization of the Vehicle Roll Movement with the Dynamic Chassis Simulator. In: Vehicle and Automotive Engineering 2, 2018, S. 129–141.

[53] Ludmann, L.: HRW Steer Steady State Friction. Internes Dokument, Institut für Fahrzeugtechnik Stuttgart, Universität Stuttgart, 2021.

[54] Lund, R. A.: Method and Apparatus for Generating Input Signals in a Physical System, US7031949B2, USA, 2006.

[55] Lunze, J.: Regelungstechnik 1: Systemtheoretische Grundlagen, Analyse und Entwurf Einschleifiger Regelungen, Berlin Heidelberg: Springer Vieweg, 2014.

[56] Magnus, K.: Kreisel: Theorie und Anwendungen, Berlin: Springer Berlin Heidelberg, 2013.

[57] Maier, S.: Simulative Schätzung von Feder- und Dämpferparametern eines Fahrzeuges auf einem Fahrzeugdynamikprüfstand mit MATLAB/Simulink und Simpack. Studienarbeit, Universität Stuttgart, 2018.

[58] Manner, J.: Entwicklung einer Methode zur Bestimmung von Fahrwerksparametern auf einem Fahrzeugdynamikprüfstand. Bachelorarbeit, Universität Stuttgart, 2021.

[59] Mitschke, M.; Wallentowitz, H.: Dynamik der Kraftfahrzeuge, 5. Aufl., Wiesbaden: Springer Vieweg, 2014.

[60] MTS Systems Corporation: RPC Theory: Introduction to RPC, Eden Prairie.

[61] Neubeck, J.: Next Generation Evaluation Methods in Vehicle Dynamics, Shanghai Stuttgart Symposium, Shanghai, 2016.

[62] Neubeck, J.: Thermisches Nutzfahrzeugreifenmodell zur Prädiktion realer Rollwiderstände, Wiesbaden, Germany: Springer Vieweg, 2018.

[63] Nicoletti, L.; Brönner, M.; Danquah, B.; Koch, A.; König, A.; Krapf, S.; Pathak, A.; Schockenhoff, F.; Wolff, S.; Lienkamp, M.: Review of Trends and Potentials in the Vehicle Concept Development Process. In: 2020 Fifteenth International Conference on Ecological Vehicles and Renewable Energies (EVER), Monte-Carlo, Monaco, S. 1–15.

[64] Nicotra, M.: Gesamtfahrzeug- und Komponentenprüfstände für die Fahrwerksentwicklung. Studienarbeit, Universität Stuttgart, 2017.

[65] Nippold, C.; Küçükay, F.; Henze, R.: Analysis and application of steering systems on a steering test bench, Automot. Engine Technol., Jg. 1, 1-4, S. 3–13, 2016.

[66] Normey-Rico, J. E.; Camacho, E. F.: Control of dead-time processes, London, Berlin, Heidelberg: Springer, 2007.

[67] Nüssle, M.: Ermittlung von Reifeneigenschaften im realen Fahrbetrieb. Dissertation, Universität Karlsruhe, Karlsruhe, 2002.

[68] Pacejka, H. B.; Besselink, I.: Tire and vehicle dynamics, 3. Aufl., Amsterdam, Boston: Elsevier/BH, 2012.

[69] Popov, M.: The Influence of Vibration on Friction: A Contact-Mechanical Perspective, Front. Mech. Eng., Jg. 6, S. 118, 2020.

[70] Pranner, G.; Simons, F.; Schmitt-Heiderich, P.; Amann, K.-U.: Verwendung moderner Regelungsmethoden in der Bewirtschaftung von Stauhaltungsketten am Beispiel der Mosel. In: Hydraulik der Wasserbauwerke – Neues aus Praxis und Forschung, Karlsruhe, 2019, S. 79–84.

[71] Qian, P.; Pu, C.; Liu, L.; Lv, P.; Ruiz Páez, L. M.: A novel pneumatic actuator based on high-frequency longitudinal vibration friction reduction, Sensors and Actuators A: Physical, Jg. 344, Nr. 1, S. 113731, 2022.

[72] Raabe, J.; Fontana, F.; Neubeck, J.; Wagner, A.: Method for the Determination of Objective Evaluation Criteria Using the Example of Combined Dynamics. In: 22. Internationales Stuttgarter Symposium, 2022, S. 427–442.

[73] Raabe, J.; Fontana, F.; Neubeck, J.; Wagner, A.: Contribution to the Objective Evaluation of Combined Longitudinal and Lateral Vehicle Dynamics in Nonlinear Driving Range, SAE Int. J. Veh. Dyn., Stab., and NVH, Jg. 7, Nr. 4, 2023.

[74] Riekert, P.; Schunck, T. E.: Zur Fahrmechanik des gummibereiften Kraftfahrzeugs, Ing. Arch, Jg. 11, Nr. 3, S. 210–224, 1940.

[75] Schertling, V.: Parametrierung von Fahrzeugmodellen anhand von Prüfstandsmessdaten mit Fokus auf kinematischen Kenngrößen. Studienarbeit, Universität Stuttgart, 2021.

[76] Schick, B.: Test und Messmethoden im Labor. In: Fahrwerkhandbuch, B. Heißing, M. Ersoy und S. Gies, Hg., 4 Aufl., Wiesbaden: Springer Vieweg, 2013.

[77] Schimmel, C.: Entwicklung eines fahrerbasierten Werkzeugs zur Objektivierung subjektiver Fahreindrücke. Dissertation, Technische Universität München, München, 2010.

[78] Schindel, E.: Gesamtfahrzeug- und Komponentenprüfsände im wissenschaftlichen Kontext. Studienarbeit, Universität Stuttgart, 2021.

[79] Schlippe, B. v.; Dietrich, R.: Zur Mechanik des Luftreifens bei periodischer Felgenquerbewegung, Berlin: Zentrale für wissenschaftliches Berichtswesen der Luftfahrtforschung des Generalluftzeugmeisters.

[80] Schmid, A.; Förschl, S.: Reifenmodellparametrierung: Vom realen zum virtuellen Reifen, ATZ, Jg. 111, Nr. 03, S. 188–193, 2009.

[81] Schultz, G.; Tong, I.; Kefauver, K.; Ishibashi, J.: Steering and handling testing using roadway simulator technology, IJVSMT, Jg. 1, 1/2/3, S. 32–47, 2005.

[82] Todorovic, S.; Müller, S.; Kiebler, J.; Neubeck, J.; Wagner, A.: New Approach to Friction Estimation with 4WD Vehicle. In: 21. Internationales Stuttgarter Symposium, 2021, S. 142–154.

[83] Tutsch, C.: Gesamtfahrzeug- und Komponentenprüfstände für die Fahrwerksentwicklung. Studienarbeit, Universität Stuttgart, 2017.

[84] Unrau, H.-J.: Der Einfluss der Fahrbahnoberflächenkrümmung auf den Rollwiderstand, die Cornering Stiffness und die Aligning Stiffness von Pkw-Reifen. Dissertation, Fakultät für Maschinenbau,, Karlsruher Institut für Technologie (KIT), Karlsruhe, 2012.

[85] van Doornik, J.; Brems, W.; Vries, E. de; Uhlmann, R.: Fahrsimulator mit hoher Plattformperformance und niedriger Latenz, ATZ - Automobiltechnische Zeitschrift, Jg. 120, 04/2018, S. 50–55, 2018.

[86] van Putten, B. J. S.: Eine hybride Methode zur Beschreibung von Reifencharakteristika. Dissertation, Technische Universität Dresden, Dresden, 2017.

[87] Volk, F.-M.: Betriebsfestigkeit Hochvoltspeicher: Analyse festigkeitsrelevanter mechanischer und elektrischer Einflussparameter auf die Betriebsfestigkeit von im Automobil eingesetzten Hochvoltspeichern. Dissertation, Universität der Bundeswehr München, München, 2018.

[88] von Hinüber, E.: Inertiale Messsysteme mit faseroptischen Kreiseln für Fahrdynamik und Topologiedaten-Erfassung, ATZ - Automobiltechnische Zeitschrift, Jg. 104, Nr. 6, S. 584–591, https://doi.org/10.1007/BF03224418, 2002.

[89] Wallentowitz, H.; Freialdenhoven, A.; Olschewski, I.: Strategien in der Automobilindustrie: Technologietrends und Marktentwicklungen, 1. Aufl., Wiesbaden: Vieweg + Teubner, 2009.

[90] Wang, E.: Sensitivitätsanalyse zum Einfluss von Messfehlern auf die Regelung eines Fahrzeugdynamikprüfstands. Bachelorarbeit, Universität Stuttgart, 2016.

[91] Welch, P.: The use of fast Fourier transform for the estimation of power spectra: A method based on time averaging over short, modified periodograms, IEEE Trans. Audio Electroacoust., Jg. 15, Nr. 2, S. 70–73, 1967.

[92] Woernle, C.: Mehrkörpersysteme: Eine Einführung in die Kinematik und Dynamik von Systemen starrer Körper, 2. Aufl., Berlin, Heidelberg: Springer Vieweg, 2016.

[93] Wulle, F.; Bubeck, W.; Elser, A.; Wolf, M.; Verl, A.: Trajektorienplanung mittels modellprädiktiver Vorsteuerung eines FDM-Druckkopfes: Trajectory planning with model predictive control of an FDM printing head. In: 26. Stuttgarter Kunststoffkolloquium, 2019.

[94] Zeitvogel, D.; Ahlert, A.; Neubeck, J.; Krantz, W.; Wiedemann, J.; Boone, F.; Kan, W.: An Innovative Test System for Holistic Vehicle Dynamics Testing. In: WCX SAE World Congress Experience, 2019.

[95] Zeitvogel, D.; Krantz, W.; Neubeck, J.; Wagner, A.: Holistic vehicle parametrization on a handling roadway, Automot. Engine Technol., Jg. 7, 3-4, S. 209–216, 2022.

[96] Zeitvogel, D.; Ludmann, L.; Krantz, W.; Neubeck, J.; Wagner, A.: Optimization of the Comparability Between Road Testing and the Handling Roadway Test System. In: 14th International Munich Chassis Symposium 2023.

Die folgenden Bachelor-, Studien- und Masterarbeiten trugen zum erfolgreichen Betrieb des Prüfstands und zu Erkenntnissen und Inhalten bei, die in die vorliegende Arbeit einflossen:

Anser, F.: Gesamtfahrzeug- und Komponentenprüfstände im wissenschaftlichen Kontext. Bachelorarbeit, Universität Stuttgart, 2021

Bergmann, A.: Adaptierung eines Simulink 5-Massen-Modells und Vergleich mit dynamischen Messungen auf dem Fahrzeugdynamikprüfstand. Masterarbeit, Universität Stuttgart, 2021

Burgbacher, J.: Sensitivitätsanalyse zum Einfluss von Messfehlern auf die Regelung eines Fahrzeugdynamikprüfstands. Bachelorarbeit, Universität Stuttgart, 2016

Kapp, P.: Adaptierung eines Simulink 5-Massen-Modells und Vergleich mit dynamischen Messungen auf dem Fahrzeugdynamikprüfstand. Studienarbeit, Universität Stuttgart, 2021

Köksal, E.: Simulative Untersuchung von Fahrmanövern auf einem Fahrzeugdynamikprüfstand. Studienarbeit, Universität Stuttgart, 2015

Lamparter, P.: Untersuchung der Fahrzeug-Vertikaldynamik auf einem Fahrzeugdynamikprüfstand. Studienarbeit, Universität Stuttgart, 2020

Maier, S.: Simulative Schätzung von Feder- und Dämpferparametern eines Fahrzeuges auf einem Fahrzeugdynamikprüfstand mit MATLAB/Simulink und Simpack. Studienarbeit, Universität Stuttgart, 2018

Manner, J.: Entwicklung einer Methode zur Bestimmung von Fahrwerksparametern auf einem Fahrzeugdynamikprüfstand. Bachelorarbeit, Universität Stuttgart, 2021

Nicotra, M.: Gesamtfahrzeug- und Komponentenprüfstände für die Fahrwerksentwicklung. Studienarbeit, Universität Stuttgart, 2017

Pfaue, M.: Erweiterung einer multifunktionalen Arbeitsplattform für den IFS/FKFS-Fahrzeugdynamikprüfstand. Studienarbeit, Universität Stuttgart, 2021

Rothe, D.: Konzeption einer flexiblen und multifunktionalen Arbeitsplattform für den IVK/FKFS-Fahrzeugdynamikprüfstand. Masterarbeit, Universität Stuttgart, 2018

Schertling, V.: Parametrierung von Fahrzeugmodellen anhand von Prüfstandsmessdaten mit Fokus auf kinematischen Kenngrößen. Studienarbeit, Universität Stuttgart, 2021

Schertling, V.: Untersuchung der Fahrzeug-Vertikaldynamik auf einem Fahrzeugdynamikprüfstand. Bachelorarbeit, Universität Stuttgart, 2019

Schindel, E.: Gesamtfahrzeug- und Komponentenprüfsände im wissenschaftlichen Kontext. Studienarbeit, Universität Stuttgart, 2021

Schwind, N.: Konzeptstudie zur Auslegung von Gebäudeinfrastrukturschnittstellen für einen Fahrzeugdynamikprüfstand. Studienarbeit, Universität Stuttgart, 2016

Tutsch, C.: Gesamtfahrzeug- und Komponentenprüfstände für die Fahrwerksentwicklung. Studienarbeit, Universität Stuttgart, 2017

Wang, E.: Sensitivitätsanalyse zum Einfluss von Messfehlern auf die Regelung eines Fahrzeugdynamikprüfstands. Bachelorarbeit, Universität Stuttgart, 2016

Anhang

A1. Zustandsraummatrizen des Modells auf dem Prüfstand

Es soll gezeigt werden, dass bei masselosem Fahrwerk die Systeme „Fahrzeug auf Straße" und „Fahrzeug auf Prüfstand" identisch sind. Hier wird vereinfacht von einem Fahrzeug ohne Hinterachslenkung ausgegangen. Es wird nur der Zustandsvektor betrachtet; Ausgangsvektor und -matrix bleiben auf der Straße unberücksichtigt.

Fahrzeug auf Straße:

$$\dot{x}(t) = A \cdot x(t) + B \cdot u(t) \qquad \text{Gl. A.1}$$

Zustandsvektor:

$$x(t) = \begin{bmatrix} \dot{\psi} \\ \beta \\ \dot{\varphi} \\ \varphi \\ F_{y,\text{F}} \\ F_{y,\text{R}} \end{bmatrix}, \qquad \text{Gl. A.2}$$

Eingangsvektor:

$$u(t) = [\delta_{\text{SW}}] \qquad \text{Gl. A.3}$$

D. Zeitvogel, *Methodik für die Querdynamik-Evaluation auf einem Fahrzeugdynamikprüfstand*, Wissenschaftliche Reihe Fahrzeugtechnik Universität Stuttgart, https://doi.org/10.1007/978-3-658-44095-4

Systemmatrix A:

$$A = \begin{bmatrix}
0 & 0 & 0 & 0 & \dfrac{l_{F}}{I_{zz}} & -\dfrac{l_{R}}{I_{zz}} \\[10pt]
-1 & 0 & 0 & 0 & \dfrac{L_{0}}{v\cdot m} & \dfrac{L_{0}}{v\cdot m} \\[10pt]
0 & 0 & -\dfrac{d_{r}}{I_{xx}} & -\dfrac{c_{r}}{I_{xx}} & \dfrac{(h - h_{rc,F})}{I_{xx}} & \dfrac{(h - h_{rc,R})}{I_{xx}} \\[10pt]
0 & 0 & 1 & 0 & 0 & 0 \\[10pt]
-\dfrac{l_{F}\cdot C_{\alpha,F}}{\sigma_{\alpha,F}} & -\dfrac{C_{\alpha,F}\cdot v}{\sigma_{\alpha,F}} & \dfrac{(h_{rc,F}-h)\cdot C_{\alpha,F}}{\sigma_{\alpha,F}} & \dfrac{R_{rs,F}\cdot C_{\alpha,F}\cdot v}{\sigma_{\alpha,F}} & -\dfrac{v}{\sigma_{\alpha,F}} & 0 \\[10pt]
\dfrac{l_{R}\cdot C_{\alpha,R}}{\sigma_{\alpha,R}} & -\dfrac{C_{\alpha,R}\cdot v}{\sigma_{\alpha,R}} & \dfrac{(h_{rc,R}-h)\cdot C_{\alpha,R}}{\sigma_{\alpha,R}} & \dfrac{R_{rs,R}\cdot C_{\alpha,R}\cdot v}{\sigma_{\alpha,R}} & 0 & -\dfrac{v}{\sigma_{\alpha,R}}
\end{bmatrix}$$

Gl. A.4

Eingangsmatrix $\boldsymbol{B}$:

$$\boldsymbol{B} = \begin{bmatrix} 0 \\ 0 \\ 0 \\ C_{\alpha,F} \cdot v \\ \sigma_{\alpha,F} \cdot R \\ 0 \\ 0 \end{bmatrix}, \qquad \text{Gl. A.5}$$

Auf dem HRW entfallen die Zustände $\dot{\psi}$ und β des Fahrzeugs, die nun in der Prüfstandsregelung als virtuelle Zustände $\dot{\psi}_{\text{virt}}$ und β_{virt} berechnet werden. Der Zustandsvektor vereinfacht sich zu

$$\boldsymbol{x}_{\text{HRW}}(t) = \begin{bmatrix} \dot{\varphi} \\ \varphi \\ F_{y,F} \\ F_{y,R} \end{bmatrix} \qquad \text{Gl. A.6}$$

Als zusätzliche Eingänge werden nun die Bandlenkwinkel an Vorder- und Hinterachse benötigt, der Eingangsvektor wird erweitert zu

$$\boldsymbol{u}_{\text{HRW}}(t) = \begin{bmatrix} \delta_{\text{SW}} \\ \zeta_F \\ \zeta_R \end{bmatrix} \qquad \text{Gl. A.7}$$

Zur Berechnung der virtuellen Zustände in der Prüfstandsregelung werden die Reifenkräfte benötigt, die also als Ausgangsvektor aus dem Prüfstand geführt werden müssen:

$$\boldsymbol{y}_{\text{HRW}}(t) = \begin{bmatrix} F_{y,F} \\ F_{y,R} \end{bmatrix} \qquad \text{Gl. A.8}$$

Damit ergibt sich die Systemmatrix:

$$A_{\text{HRW}} = \begin{bmatrix} -\dfrac{d_r}{I_{xx}} & -\dfrac{c_r}{I_{xx}} & \dfrac{(h-h_{\text{rc,F}})}{I_{xx}} & \dfrac{(h-h_{\text{rc,R}})}{I_{xx}} \\[2ex] 1 & 0 & 0 & 0 \\[2ex] \dfrac{(h_{\text{rc,F}}-h)\cdot C_{\alpha,\text{F}}}{\sigma_{\alpha,\text{F}}} & \dfrac{R_{\text{rs,F}}\cdot C_{\alpha,\text{F}}\cdot v}{\sigma_{\alpha,\text{F}}} & -\dfrac{v}{\sigma_{\alpha,\text{F}}} & 0 \\[2ex] \dfrac{(h_{\text{rc,R}}-h)\cdot C_{\alpha,\text{R}}}{\sigma_{\alpha,\text{R}}} & \dfrac{R_{\text{rs,R}}\cdot C_{\alpha,\text{R}}\cdot v}{\sigma_{\alpha,\text{R}}} & 0 & -\dfrac{v}{\sigma_{\alpha,\text{R}}} \end{bmatrix} \qquad \text{Gl. A.9}$$

Die Eingangsmatrix:

$$B_{\text{HRW}} = \begin{bmatrix} 0 & 0 & 0 \\[2ex] 0 & 0 & 0 \\[2ex] \dfrac{C_{\alpha,\text{F}}\cdot v}{\sigma_{\alpha,\text{F}}\cdot R} & \dfrac{-C_{\alpha,\text{F}}\cdot v}{\sigma_{\alpha,\text{F}}} & 0 \\[2ex] 0 & 0 & \dfrac{C_{\alpha,\text{R}}\cdot v}{\sigma_{\alpha,\text{R}}} \end{bmatrix} \qquad \text{Gl. A.10}$$

Und die Ausgangsmatrix:

$$C_{HRW} = \begin{bmatrix} 0 & 0 & 1 & 0 \\ 0 & 0 & 0 & 1 \end{bmatrix}.$$

Gl. A.11

Die Bewegungsgleichungen des Fahrzeugs in der x-y-Ebene, die auf dem Prüfstand durch die Fesselung gesperrt sind, werden in der Prüfstandsregelung auf das virtuelle Fahrzeug angewendet. Der Zustandsvektor des virtuellen Fahrzeugs beinhaltet also die Gierrate und den Schwimmwinkel:

$$x_{virt}(t) = \begin{bmatrix} \dot{\psi}_{virt} \\ \beta_{virt} \end{bmatrix}$$

Gl. A.12

Als Eingangsgröße auf den virtuellen Fahrzeugkörper wirken die Reifenseitenkräfte an Vorder- und Hinterachse. Damit ergibt sich der Eingangsvektor für das virtuelle Fahrzeug zu

$$u_{virt}(t) = \begin{bmatrix} F_{y,F} \\ F_{y,R} \end{bmatrix}.$$

Gl. A.13

Der Ausgangsvektor der Bewegungsgleichungen des virtuellen Fahrzeugs enthält die zu stellenden Bandlenkwinkel an Vorder- und Hinterachse:

$$y_{virt}(t) = \begin{bmatrix} \zeta_F \\ \zeta_R \end{bmatrix}$$

Gl. A.14

Damit lautet die Systemmatrix

$$A_{\text{virt}} = \begin{bmatrix} 0 & 0 \\ -1 & 0 \end{bmatrix},$$ Gl. A.15

Die Eingangsmatrix

$$B_{\text{virt}} = \begin{bmatrix} \dfrac{l_F}{I_{zz}} & -\dfrac{l_R}{I_{zz}} \\ \dfrac{1}{v \cdot m} & \dfrac{1}{v \cdot m} \end{bmatrix},$$ Gl. A.16

Und die Ausgangsmatrix

$$C_{\text{virt}} = \begin{bmatrix} \dfrac{l_F}{v} & -1 \\ -\dfrac{l_R}{v} & -1 \end{bmatrix}.$$ Gl. A.17

Eine Verknüpfung der beiden Systeme „HRW" (Fahrzeug auf Prüfstand) und „virt" (virtueller Fahrzeugkörper im Prüfstandsregler) über die jeweiligen Aus- und Eingangsvektoren ergibt System- und Eingangsmatrizen, die denen des Fahrzeugs auf der Straße (Gl. A.4 und Gl. A.5) gleichen.

A2. Technische Spezifikationen des Prüfstands

Tabelle A.1: Technische Daten des Fahrzeugdynamikprüfstands

Radstand	2000 ... 3800 mm
Spurweite	1200 ... 1900 mm
Geschwindigkeitsbereich	0 ... 220 km/h
Max. Längsbeschleunigung/-verzögerung (Fahrzeugabhängig)	2 g
Frequenzbandbreite längs	> 15 Hz
Max. Leitung/Dauerleistung pro Bandantrieb	220 kW / 140 kW
Übertragbare Reifenkraft pro Reifen, längs/quer/vertikal	6 kN / 10 kN / 15 kN
Vertikalaktor-Beschleunigung	+7 g / −9 g
Vertikalaktor-Weg	± 75 mm
Vertikalaktor-Kraft	120 kN
Frequenzbandbreite vertikal	30 Hz
Bandlenkwinkel	±20°
Bandlenkwinkel-Geschwindigkeit	80 °/s
Frequenzbandbreite Bandlenkaktor	> 15 Hz

Printed in the United States
by Baker & Taylor Publisher Services